L'ENERGIA E I SUOI UTILIZZI

Edizione 1

www.massimocampioni.com

Massimo Campioni

A mio fratello Vanni

Grazie a Franca per le correzioni fatte

Grazie al Circolo Culturale *Sirio Giannini*
per l'interessamento al libro e alla sua diffusione.

Maggio 2023

1. Indice generale

PREMESSA..5
CAPITOLO 1 Cos'è l'energia..8
    La definizione di energia, lavoro, potenza...8
CAPITOLO 2 Breve storia dell'energia...12
    Homo Erectus..12
    L'età antica..14
    Il Medioevo...17
    La nascita del capitalismo e della tecnologia moderna..20
    La rivoluzione industriale..23
        La prima rivoluzione industriale..24
        La seconda rivoluzione industriale..25
        La terza rivoluzione industriale...28
        La quarta rivoluzione industriale...30
CAPITOLO 3 Energia cinetica e potenziale gravitazionale..35
    Energia cinetica...35
    Energia potenziale...36
    Centrali idroelettriche...36
        Potenze delle centrali idroelettriche..38
        Rendimento (η) delle centrali idroelettriche..38
        Vantaggi dell'idroelettrico...42
        Svantaggi...43
    Nuovo sistema di accumulo...43
CAPITOLO 4 Energia termica...45
    Le centrali termoelettriche a carbone...48
    Centrali a gas..53
        Cosa è il petrolio...57
    I primi 10 produttori di petrolio del 2020 (fonte EIA)...60
        Metodi di estrazione del petrolio...61
        Fracking...62
        Raffinazione del petrolio...64
        Le plastiche...65
    Centrali a ciclo combinato..81
CAPITOLO 5 - L'energia nucleare...87
        Elementi di fisica nucleare..88

Le centrali nucleari..91
La produzione del nucleare nel mondo..99
CAPITOLO 6. L'energia elettrica..102
Dati a livello mondiale..107
Vantaggi dell'energia elettrica..111
Svantaggi dell'energia elettrica...112
CAPITOLO 7. Energia associata alle onde elettromagnetiche..113
Energia chimica...117
CAPITOLO 8. Le energie rinnovabili...121
Energia geotermica..121
Geotermia ad alta entalpia..125
Geotermia a media entalpia..126
Geotermia a bassa entalpia...126
Usi in cascata dell'energia geotermica...132
Vantaggi e svantaggi del geotermico...134
L'energia solare...136
Solare termico..137
Solare fotovoltaico...143
Energia eolica..155
Bioenergie...163
Biomassa nell'UE-28...164
Bioenergia solida..165
Biocarburanti..166
Biogas...167
Incenerimento..167
Energia mareomotrice...175
Centrali mareomotrici (sistemi a barriera)...177
Idrogeneratori..178
CONCLUSIONI..183
Bibliografia...186

PREMESSA

L'autore ha già pubblicato un libro, sulla storia dei cambiamenti climatici, ed una memoria sui rifiuti: entrambe avevano lo scopo di metter in evidenza come le problematiche ambientali siano legate allo sviluppo del sistema capitalistico, in particolare al momento dell'utilizzo delle macchine, a partire dal 1769, anno in cui James Watt inventò la macchina a vapore come miglioramento della macchina di Newcomen.

Da questo momento, lo sviluppo massiccio, e con potenze sempre maggiori, delle macchine, ha portato ad un inquinamento non sostenibile dell'ambiente, a un prelievo incontrollato delle materie prime, all'aumento consistente dell'effetto serra, con innalzamento delle temperature dovute all'azione dell'uomo, ad un degrado delle relazioni sociali, con aumento delle persone povere che vedono peggiorare la loro vita ed i ricchi che divengono sempre più ricchi e in numero minore.

Naturalmente l'autore non intende colpevolizzare l'utilizzo delle macchine, ma la critica è rivolta al funzionamento del sistema di produzione attuale, globalizzato.

Spesso si sente dire che la scienza e la tecnologia trainano l'economia, ed in particolare l'industria, e sono il motore della società: il loro continuo sviluppo porta ad una rincorsa della società sempre verso nuove mete e conoscenze.

L'autore del presente libro pensa che le cose vadano capovolte: è la necessità della società capitalistica di innovare sempre, per vincere la concorrenza tra i vari imprenditori, che porta a continue innovazioni al fine di una maggiore produzione con prezzi simili o alla stessa produzione con prezzi di vendita minori; si ha quella che in gergo viene definita **Ricerca e Sviluppo** (R&S) o in americano **Research and Development** (R&D), che rappresenta una locuzione usata generalmente per indicare quella parte di un'impresa industriale (persone, mezzi e risorse finanziarie), che viene dedicata allo studio di *innovazione tecnologica* e quindi scientifica, da utilizzare per migliorare i propri prodotti, crearne di nuovi, o migliorare i processi di produzione.

La crescente integrazione tra scienza e tecnologia ha permesso i recenti progressi nei nuovi settori (biotecnologie, tecnologie informatiche e delle telecomunicazioni, nuovi materiali); si può ripensare alla recente fase di infezione da Coronavirus e gli sforzi fatti ad esempio dal Governo degli USA che ha finanziato pressoché in toto la ricerca della azienda farmaceutica Pfizer e al volume d'affari della stessa ha realizzato nelle vendite dei vaccini.

I nuovi dispositivi e tecniche incorporano quantità sempre maggiori di sapere scientifico; allo stesso tempo il lavoro di R&S si avvale di potenti mezzi, messi a punto con sofisticate tecnologie, che consentono di studiare i fenomeni naturali a livelli di analisi precedentemente irraggiungibili.

Oggi non è più possibile fare ricerca scientifica da soli, come facevano Galileo, Newton, Einstein, ma sono necessari investimenti di parecchi miliardi di euro per poter disporre delle attrezzature necessarie per una seria e produttiva ricerca; si pensi agli acceleratori di particelle, come il Large Hadron Collider al CERN di Ginevra, che ha un anello di 27 km di circonferenza e costruito a 100 metri di profondità, il cui costo è stimato in 3 miliardi di euro, più il costo di ogni esperimento, di chi lavora e della sua manutenzione.

Si può pensare inoltre all'intelligenza artificiale e gli investimenti che le aziende e gli stati fanno su di essa.

Uno studio dettagliato e approfondito di questi problemi non rientra nello scopo generale del libro che intende analizzare le varie forme di energia; la precedente considerazione non rende di parte l'analisi energetica che è svolta in un modo rigorosamente scientifico, come il lettore potrà costatare nella lettura dei vari capitoli.

Nel presente libro verrà fatto un breve excursus sulla storia dell'energia, senza nessuna pretesa di completezza dell'argomento, ma con lo scopo di chiarire a chi legge come siamo giunti alla società attuale e alla sua dipendenza dal fattore energetico.

Verranno poi analizzate le varie forme con cui si presenta l'energia e le tecnologie con cui queste forme di energia vengono sfruttate, mettendo in evidenza le relative potenzialità, gli aspetti economici, gli eventuali impatti ambientali, il prelievo delle risorse necessarie al funzionamento ed utilizzo di dette energie; i vantaggi e gli svantaggi che l'utilizzo della specifica energia può dare.

Tutto questo è anche funzionale al libro dell'Autore sulla *Storia dei cambiamenti climatici*, in cui sono state analizzate le politiche europee in tema di riduzione dei gas serra e di contenimento delle temperature entro il 2050 e, a livello mondiale, del 2100.

Saranno necessariamente introdotti alcuni concetti di fisica, in modo semplice per permettere a tutti i lettori di acquisirne il significato; chi avesse già una preparazione scientifica o che intenda fare a meno di essi, può saltarli perché molte parti del libro sono comprensibili anche senza avere chiarezza di tali concetti.

Le parti specifiche di approfondimento sono racchiuse da ▶ ...... ◀ , hanno uno sfondo grigio e una dimensione del carattere di 10 invece che 11.

Le energie analizzate solo quelle che hanno un utilizzo industriale e che trovano applicazione nei vari settori della società; il presente libro vuole essere una sorta di manuale che possa mettere il lettore in condizioni di capire il significato e l'utilizzo delle varie energie, prendere decisioni in merito a scelte politiche sulle stesse o l'adozione di impianti più idonei per la propria abitazione o attività.

CAPITOLO 1   Cos'è l'energia

La definizione di energia, lavoro, potenza

L'energia è un concetto fondamentale che permette di collegare tutti i campi dei fenomeni naturali, che ci appaiono diversi: la meccanica, l'acustica, la termodinamica, l'elettromagnetismo, la chimica, la biologia ecc.

È il motore principale della società moderna e la sua ricerca ed utilizzo hanno generato, e generano tuttora, forti contrasti tra gli stati e persino guerre.

Non volendo costringere il lettore ad apprendere concetti complicati e , tutto sommato, estranei allo scopo del presente libro, daremo di essa una definizione semplice, legata al concetto fisico di lavoro.

Definiamo, anche se impropriamente, l'**energia** di un corpo o di un sistema di corpi come la **capacità** del corpo o del sistema **di compiere un lavoro**.

A questo punto dobbiamo dare la definizione di lavoro data dalla fisica, che non è quella che noi tutti diamo ad esso nella vita quotidiana.

Si definisce genericamente il **lavoro** come il prodotto della forza applicata ad un corpo, o sistema di corpi, per il suo spostamento.

Quindi il lavoro, come pure l'energia che rappresenta la possibilità di compierlo, è legato allo spostamento (o rotazione) e quindi al movimento.

Facciamo un esempio che ci permetta di comprendere intuitivamente il concetto: supponiamo di voler spostare un macigno e di impiegare la nostra forza; spingeremo quindi il masso facendo un enorme sforzo; se il macigno è grosso e pesante non riusciremo nell'intento, pur consumando molte chilocalorie del nostro corpo e magari sudando abbondantemente.

In questa situazione la fisica ci dice che non abbiamo fatto alcun lavoro sul masso perché esso non si è spostato; il nostro corpo ha consumato molta energia facendo molto lavoro e con tutta probabilità dovremo immettere cibo nel nostro organismo per ricaricare le nostre energie.

Un altro esempio indica come il calcolo del lavoro non sia immediatamente deducibile dalla semplice definizione data.

Supponiamo di muoverci tenendo per mano una valigetta o una borsa: poiché la forza che noi esercitiamo sulla borsa è perpendicolare al nostro spostamento e a quello della borsa stessa, il lavoro fatto sulla borsa è nullo. Caso ancora più complicato è

quello in cui la forza varia durante lo spostamento, come avviene in una molla.

Da quanto esposto si vede che la definizione data non consente un calcolo corretto del lavoro ma ha lo scopo di familiarizzare il lettore con tale concetto.

Importanti sono le unità di misura da applicarsi al lavoro e all'energia perché si ritrovano spesso nella lettura di argomenti specifici e anche nella vita quotidiana; basti pensare alla lettura della bolletta della luce o del gas.

Nel Sistema Internazionale (**SI**), che rappresenta, come dice la parola, il sistema di unità di misura adottato dalla maggior parte dei paesi industrializzati (ma non dagli USA) l'unità di misura sia del lavoro che dell'energia è il Joule, simbolo **J**.

Tutte le unità di misura che utilizzeremo d'ora in poi, salvo diversa indicazione, apparterranno al Sistema Internazionale.

Altre unità di misura che si incontrano nella letteratura scientifica e nella vita quotidiana sono:

la *chilocaloria* → kCal = 4.186 J ; la *caloria* → Cal = 4,186 J unità di misura che si ritrovano sulle etichette dei cibi, anche se adesso vi è la tendenza ad usare il Joule o suoi multipli.

Per mettere il lettore il condizioni di comprendere alcuni multipli e sottomultipli di un'unità di misura riportiamo la seguente tabella.

UNITA' DI MISURA (esempio riferito al J)					
µJ	mJ	J	kJ	MJ	GJ
microJoule	milliJoule	Joule	chiloJoule	megaJoule	gigaJoule
1 milionesimo	1 millesimo	1 unità	1 migliaio	1 milione	1 miliardo

Altra unità dell'energia è il kWh (chilowattora) = 3.600.000 J che viene usata per misurare il consumo elettrico.

Esistono altre unità di misura che verranno prese in considerazione quando si parlerà più avanti delle varie forme di energia.

Una grandezza che deve essere necessariamente introdotta è la **potenza** che si incontra spesso nel caratterizzare le macchine, siano esse meccaniche, elettriche o di altra natura.

Si definisce $potenza = \frac{energia}{tempo} [\frac{J}{s} = W]$ cioè si misura in Watt o in unità di misura equivalenti, quale ad esempio il cavallo-vapore (CV, o HP in inglese) corrispondente a circa ¾ di kW.

Facciamo un esempio per far capire l'importanza di questa grandezza.

Supponiamo di voler progettare una macchina, quale un argano che ci permetta di sollevare un peso ad una certa altezza.

Ipotizziamo inoltre che il lavoro da compiere sia di 1.000 J; posso progettare una macchina che sollevi il peso in *tempi diversi* e quindi che abbia prestazioni diverse.

Esempi numerici:

$t = 1.000 \, s \rightarrow p = \frac{1000}{1000} = 1 \, W$; certo il tempo di sollevamento è lungo e non proponibile;

$t=100$ s $\to$ $p=\dfrac{1000}{100}=10\,W$; anche in questo caso il tempo potrebbe essere non utilizzabile tecnicamente;

$t=10$ s $\to$ $p=\dfrac{1000}{10}=100\,W$ tempo accettabile

$t=4$ s $\to$ $p=\dfrac{1000}{4}=250\,W$

Cioè la potenza della macchina aumenta al diminuire del tempo previsto; il terzo e quarto progetto sono credibili e prevedono potenze maggiori.

Naturalmente si può fissare il tempo ed allora ad una maggiore potenza corrisponderà un maggior lavoro svolto.

Esiste un teorema fondamentale che riguarda l'energia :

l'energia non si crea né si distrugge ma si trasforma.

L'enunciato è un modo sintetico e suggestivo di affermare che **in un sistema isolato** l'energia totale del sistema rimane costante, pur potendo ogni forma di singola energia mutare di valore.

Volendo fare un'analogia, immaginiamo che un gruppo di persone decida di giocare a poker e si chiudano in una stanza dalla quale non possono né entrare né uscire soldi.

All'inizio della partita ogni giocatore parteciperà con la propria dotazione di denaro che, durante la partita cambierà di proprietario.

Alla fine del gioco ogni giocatore avrà a disposizione cifre diverse da quelle iniziali, ma il totale del denaro presente nella stanza sarà identico a quello di partenza. In questo esempio il tipo di energia è rappresentato da ogni giocatore, mentre il valore dell'energia è rappresentato dalla quantità di denaro che ogni giocatore ha nel tempo di durata della partita.

In realtà il principio di conservazione dell'energia diviene un po' più complicato da quando Einstein ha scoperto che la massa si può trasformare in energia e viceversa introducendo la sua notissima formula $E=mc^2$, dove E rappresenta l'energia che viene prodotta o scompare, m la massa che scompare o viene prodotta e **c** è la velocità della luce nel vuoto pari a circa 300.000 km/s o 300.000.000 m/s.

Per fare un *semplice esempio* la trasformazione di 1 g di massa porta alla comparsa di una energia E pari a 90.000.000.000.000 J, cioè 90 mila di miliardi di Joule, pari a 25 milioni di kWh !

Questa formula e gli studi che sono seguiti hanno dato origine allo sfruttamento dell'energia nucleare, sia in campo militare che civile.

Alla luce di questa formula si parla di *principio di conservazione della massa-energia*.

Quando più avanti discuteremo delle singole energie ne approfondiremo i singoli aspetti.

CAPITOLO 2   Breve storia dell'energia

Verrà fatto un excursus sull'evoluzione storica dell'energia andando per grossi salti e senza avere nessuna pretesa di fare la storia dell'energia, ma solo nell'intento di dare al lettore il senso della storia che, quando possibile, dovrebbe essere messo in ogni esposizione di argomenti ad uso didattico.

Ciò ci fa capire quale lungo percorso essa abbia avuto e come abbia influito sulle vicende storiche e tecnologiche dell'umanità.

Homo Erectus

Cominciamo la nostra storia dall'Homo Erectus perché egli, prima ancora della comparsa dell'uomo di Neanderthal e dell'Homo Sapiens, compì una vera rivoluzione a livello di utilizzo dell'energia, rivoluzione che ha permesso un salto di qualità nella conduzione della vita e un progresso della specie umana.

Comparve in Africa, circa 1,5 milioni di anni fa, e si estinse circa 200.000 anni fa, forse evolvendo in altre specie.; si ritiene che sia stato il primo a lavorare e utilizzare le pietre per vari scopi.

Inizialmente l'Homo Erectus utilizzò il fuoco che si produceva a causa dei fulmini, autocombustione, eruzioni vulcaniche, ecc., accostandovi bastoni o pezzi di legno.

Portò questi pezzi di legno nelle proprie caverne o ripari per poterlo utilizzare; in seguito imparò ad accenderlo mediante l'attrito tra bastoncini di legno e, in seguito, causando scintille con le pietre focaie.

L'importanza dell'uso del fuoco è grande per il progresso che si ebbe in questa specie e in quelle future; elenchiamo le più importanti.

- Permise di cuocere i cibi rendendoli più digeribili, nutrienti e sani.

- Fu utilizzato per riscaldarsi permettendo alla specie di spostarsi verso regioni più fredde e quindi di colonizzare parte della Terra, dove il cibo e la caccia potevano essere più abbondanti.

- Fu impiegato per illuminare gli ambienti e quindi consentì di prolungare la giornata; cominciò per la specie una vita sociale più lunga con la possibilità di comunicazione tra i vari membri della famiglia o comunità e permise di rinsaldare i legami tra di essi. Si creò quello che noi chiamiamo il focolare; ricordo la bellezza di essere attorno ad un caminetto in compagnia di altre persone e di parlare con esse.

- Fu utilizzato per difendersi dagli animali e nel contempo per cacciarli, anche animali di grossa taglia. L'Homo Erectus divenne quindi cacciatore.

- Tramandò le proprie conoscenze alle generazioni future conservando le tecniche apprese.

Essenzialmente l'homo Erectus era un nomade.

Il fuoco rappresentò perciò la prima forma di energia ad essere utilizzata dall'uomo, se si esclude quella cellulare, propria di ogni essere vivente.

L'età antica

L'uomo passa lentamente dalla condizione di cacciatore e raccoglitore a quella di allevatore di animali e poi di agricoltore; spesso le quattro condizioni si intersecano o convivono nelle varie popolazioni.

L'**età della pietra** (suddivisa in paleolitico, da 3 milioni a 10 000 anni a.C., mesolitico dal 10000 all'8000 a.C., e neolitico dall'8000 al 3000 a.C.), costituisce la prima fase in cui l'uomo utilizza la pietra per formare i primi utensili.

Poi inizia l'**età dei metalli:** il periodo storico in cui gli uomini iniziarono la lavorazione dei metalli per costruire i primi utensili, abbandonando progressivamente l'utilizzo della pietra. Comprende l'età del rame (6000-3000 a.C.), l'età del bronzo (3000-1100 a.C.) e l'età del ferro (a partire dal 1100 a.C.).

Il ferro, per essere estratto e lavorato ha bisogno di alte temperature (il ferro fonde a 1.538 °C) che sono raggiungibili quando l'uomo impara ad utilizzare il **carbone**, estratto dalle miniere, o il carbone vegetale ottenuto dalla carbonizzazione della legna (processo di pirolisi).

L'addomesticamento e l'allevamento degli animali fornì inizialmente cibo quali la carne, il latte (da capre e pecore) e le uova ; insieme alla caccia permise di fabbricare vesti per proteggersi dal freddo.

Poi si capì che alcuni animali, i più robusti, quali il cavallo, il bue, l'asino, potevano essere utilizzati per spostare pesi, trasportare persone e, con la scoperta dell'agricoltura, trainare carri e spostare l'aratro per fare solchi; questi sono i primi esempi di utilizzo dell'energia animale per migliorare la qualità della vita dell'uomo.

Fra gli animali addomesticati giova ricordare il cane, derivante dal lupo; si ritiene che tale addomesticamento sia databile tra 15.000 e 10.000 anni fa.

L'utilizzo dell'agricoltura fu una svolta epocale perché migliorò la capacità di nutrirsi dell'uomo e lo obbligò, nel tempo, a diventare stanziale; ciò avvenne dopo la fine dell'ultima glaciazione, circa 12.000 anni fa. Nacquero i primi villaggi e poi le città vere e proprie, vicine ai corsi d'acqua usata per bere, per igiene personale e per irrigare i campi.

Il cibo di origine agricola, più abbondante, cominciò ad essere conservato in appositi siti per poi essere consumato in periodi meno favorevoli.

L'agricoltura, geograficamente, sembra essere nata nell'altopiano dell'Anatolia e poi si è diffusa più o meno lentamente dalle altre parti del pianeta.

Purtroppo l'uomo antico, oltre a sfruttare l'energia dei muscoli degli animali, sfruttò anche quella degli *schiavi* e più tardi anche quelle dei contadini legati forzatamente alla terra, come la *servitù della gleba.*

Lo schiavismo è stata una piaga che ha praticamente interessato tutte le civiltà antiche e con forme diverse si ripresenta anche oggi; la servitù della gleba è nata alla fine dell'impero romano e poi, in particolare, nel medioevo europeo.

Gli schiavi erano divisi per proprietà ed utilizzo in domestici, contadini, dello Stato e utilizzati in particolare nei lavori pubblici, nelle miniere e assistenti medici.

Forme poi odiose di schiavismo si sono avute con la conquista delle Americhe da parte di alcuni paesi europei e con la devastazione di intere regioni dell'Africa.

Si pensi che in America lo schiavismo è stato formalmente e legalmente abolito nel 1865.

Durante tutta l'antichità vi fu uno sviluppo notevole della **tecnologia**, sia applicata in campo civile che in quello militare.

Ai primi villaggi costruiti con capanne, fecero seguito città con case in pietra o mattoni (almeno per la parte più ricca), mentre altri abitavano in case di legno, come avvenne a Roma.

Infatti, per motivi di speculazione, si moltiplicò l'utilizzo di palazzi a più piani (insulae), con continua suddivisione degli stessi in piccoli alloggi, carenti dal punti di vista igienico, per ricavare maggior denaro dagli affitti.

Tra questi speculatori ricordiamo Crasso che accumulò grandi ricchezze ristrutturando case popolari acquistate a basso prezzo perché danneggiate da incendi. Si stima che a Roma ci fossero circa 46.000 case popolari.

Ricordiamo poi la costruzione di colossali templi o tombe, le vie di comunicazione che permisero i collegamenti tra terre lontane, gli acquedotti che portarono acqua (ed igiene) da zone lontane.

Naturalmente lo spostamento con i carri implicò l'invenzione della ruota, elemento fondamentale nel trasporto delle merci e delle persone, insieme alle navi.

Nel campo militare molte furono le invenzioni tecnologiche; vogliamo qui ricordare l'utilizzo del cavallo in guerra con l'invenzione della sella e, da parte degli Unni, della staffa, costituita da due anelli appesi ai lati della sella che permettevano al cavaliere una grande stabilità e quindi capacità di muoversi opportunamente in battaglia.

Nel campo agricolo furono inventati ed utilizzati semplici strumenti quali la zappa, la vanga e l'erpice e poi, come ricordato, l'aratro.

Altra energia sfruttata sin dall'antichità fu quella del **vento** che consentì la costruzione di vele per la navigazione che avveniva anche tramite l'utilizzo dei remi.

La vela costituisce uno dei più antichi sistemi di propulsione noti ed utilizzati dall'uomo (si hanno indicazioni di imbarcazioni a vela risalenti a circa 6.000 a.C.). Della vela hanno fatto uso gli Egizi nel 4.000 a.C. per le loro imbarcazioni di canne di papiro. Greci, Fenici ed Arabi fecero uso di vele per dominare le rotte dei mari. Le imbarcazioni tradizionali a vela lungo le coste del Vietnam sono fondamentalmente quelle inventate dai cinesi nel 3.000 a.C. (Da wikipedia).

I mulini a vento vennero utilizzati nel VII secolo d.C. nella regione del Sistan, oggi in Iran, anche se alcuni ipotizzano la loro presenza in Persia circa 3.000 anni a.C.

Nell'area del Mare Mediterraneo orientale in passato si era diffuso anche un modello di mulino eolico chiamato *mulino fenicio*, in cui le pale erano posizionate all'interno del corpo della costruzione, di forma cilindrica. Le finestre sul mulino indirizzavano l'aria all'interno muovendo le pale. Questo tipo di mulino era adatto a zone con venti deboli ma costanti. (Da wikipedia).

L'utilizzo del mulino ad acqua è antico e precedente quello del mulino a vento; fu utilizzato nell'antica Mesopotamia, nel Mondo Greco-Romano, in Cina, in Asia e in India.

Esso permetteva di macinare il grano; Lucrezio e Vitruvio parlano di mulini ad acqua perché i Romani ne conoscevano il principio che applicarono nella realizzazione di una complessa struttura per la produzione di farina, costituita da una vera e propria batteria di mulini la cui energia idraulica era alimentata addirittura da un grande acquedotto, come testimoniano ancora oggi le sue imponenti rovine.

Famosa è poi la vite d'Archimede (o coclea) che consente di prelevare l'acqua da un fiume e portarla più in alto, come mostra l'illustrazione.

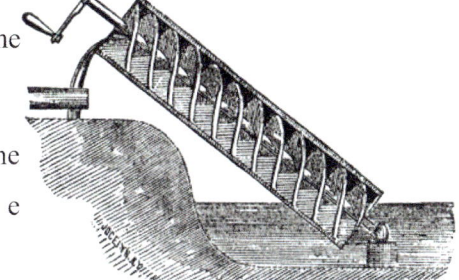

Vite di Archimede

Il Medioevo

Le forme di energia utilizzate nei periodi precedenti si mantennero anche nel medioevo; ciò che cambiò è la tecnologia che venne migliorata soprattutto nel Basso Medioevo. Non entreremo nei dettagli perché questo non è un libro di storia della tecnologia.

Basterà qui ricordare l'utilizzo di un nuovo tipo di aratro, quello a *versoio*, con le ruote: aveva una punta in ferro ed un versoio per rivoltare la zolla più in profondità rispetto alla versione precedente, realizzata in legno.

Ulteriori invenzioni furono il collare da spalla applicato al cavallo, che consisteva di due armature imbottite e rivestite di cuoio, in sostituzione delle cinghie. Esso aumentò la potenza di spinta del cavallo rispetto all'uso delle cinghie che oltretutto riducevano la respirazione dell'animale premendo sulla sua trachea.

Altra invenzione rispetto al cavallo furono i ferri applicati agli zoccoli che permisero agli animali di cavalcare anche su percorsi sassosi.

Una rivoluzione importante in agricoltura fu la rotazione triennale delle colture; già si conosceva quella biennale che consisteva nel seminare una metà dell'area coltivabile a frumento ed un'altra a maggese, cioè a riposo.

Con la rotazione triennale l'area fu divisa in tre parti:

- una coltivata a frumento e segale, in autunno;
- nella seconda venivano coltivati, orzo e avena, fave, lenticchie e piselli, in primavera;
- la terza veniva lasciata a maggese.

Si aveva così una rigenerazione del terreno in tempi più brevi, l'area produttiva era di due terzi invece che della metà, si diversificavano le colture.

Tutto questo alla luce di un cambiamento climatico avvenuto tra l'800 e il 1300 d.C. che permise di aumentare la produttività del terreno. (Vedi il mio libro: "*Storia dei cambiamenti climatici*").

In questo periodo si diffuse il mulino a vento che, insieme a quello ad acqua, tramite opportuni ingranaggi e pale, trasmettevano il moto rotatorio ad una macina mobile che, accoppiata ad una fissa, permetteva di trasformare il mulino in un frantoio.

A conclusione della parte medioevale si ricorda l'invenzione delle armi da fuoco.

Si pensa che l'invenzione della polvere da sparo sia opera di monaci buddisti, in Cina, che studiavano e praticavano l'alchimia. Nell'effettuare i loro esperimenti, mescolando salnitro con polvere di zolfo e carbone vegetale, accidentalmente provocarono un'esplosione con conseguenti feriti e danni alla postazione di lavoro. Erano i primi apprendisti chimici!

Questo è un esempio di utilizzo dell'energia chimica, diversa da quella del fuoco, perché poteva provocare la creazione di una potenza via via sempre più grande.

La notizia passò ai praticanti di arti marziali che venivano educati nei monasteri buddisti.

Oltre ad essere usata nei fuochi artificiali, essa cominciò ad essere usata in guerra, da principio con armi rudimentali che avevano l'intento più di atterrire l'avversario che di provocare danni consistenti.

Fu poi migliorata e nel tempo apparvero i primi cannoni e armi come lo schioppo e l'archibugio e il cambiamento del modo di combattere, con aumento notevole delle spese e delle devastazioni.

Questo fatto si ripercosse anche nelle nuove costruzioni, ad esempio nelle mura:

nella mia città natale, Pietrasanta, le mura sono relative alle difese prima dell'uso dei cannoni, con spessore relativamente piccolo. A Lucca invece le mura sono molto spesse per poter resistere alle cannonate e sono addirittura carrabili.

Parte delle mura di Pietrasanta

Lo stesso discorso vale per le fortezze.

In pratica l'utilizzo dell'energia si limita alle forme elencate nel breve excursus storico fino a tutto il Medioevo.

Parte delle mura di Lucca

Il grosso salto di qualità si ha nella seconda parte del XVIII secolo con l'utilizzo della forza motrice delle macchine a vapore .

In sintesi l'energia utilizzata era dovuta all'uso:

- del fuoco alimentato principalmente dalla legna e poi dal carbone vegetale e in parte da quello delle miniere;
- degli schiavi e della servitù della gleba o in generale dalla servitù;

- della forza motrice degli animali addomesticati;
- della forza idraulica e del vento;
- della polvere da sparo che sfrutta, come il fuoco, una reazione chimica.

Naturalmente va aggiunta alle precedenti l'energia che ogni essere vivente acquisisce grazie al cibo: ogni essere vivente può essere considerato un sistema che opera lontano dall'equilibrio termodinamico, come ha mostrato Ilya Prigogine con la sua teoria delle strutture dissipative, nel quale entra energia e materia ed esce energia e materia.

La tecnologia, migliorata continuamente nel tempo, rese più efficiente l'uso dell'energia.

La nascita del capitalismo e della tecnologia moderna

I cambiamenti climatici che seguirono al 1330, con abbassamento delle temperature e l'avvento di una piccola glaciazione che durò sino al 1880, determinarono un calo di redditività del suolo e insieme ai rapporti sociali medievali, determinarono una crisi economica, con carestie e un aumento della povertà che investì la società europea.

A questa situazione si aggiunse la nascita e della diffusione della Peste o Morte Nera che partendo dall'Asia, raggiunse l'Europa nel 1347 e determinò un calo della popolazione, di circa un terzo (alcuni ipotizzano di circa la metà).

Questo fattore causò in seguito un calo della mano d'opera necessaria sia all'artigianato che alle campagne e un miglioramento del compenso di quanti erano sopravvissuti ed una ripresa dell'economia che tuttavia non fu più la stessa ma lentamente si evolvette verso la nascita del capitalismo, cambiando l'equilibrio delle forze sociali con la nascita e il rafforzamento della società borghese a scapito di quella dei nobili; fu un periodo di accese lotte contadine.

Non è possibile qui esaminare i fenomeni che poi avvennero con la scoperta delle Americhe, la colonizzazione europea dell'Africa e dell'Asia. Basta qui ricordare che furono ancora utilizzate le energie precedentemente analizzate con rendimenti crescenti, dovuti naturalmente all'intensificarsi dell'uso della tecnologia e del suo miglioramento.

Un elemento importante dal punto di vista tecnologico fu l'invenzione della stampa a caratteri mobili da parte di Gutenberg, nella metà del XV secolo, che esisteva già in Cina dal XI secolo.

Mentre prima dell'introduzione della stampa i libri venivano copiati a mano, dopo essi potevano essere stampati più velocemente, con costi economici ridotti e in quantità molto maggiori; ciò contribuì alla diffusione della cultura anche in strati della popolazione che prima ne erano esclusi.

L'uso del fuoco vide utilizzo in ambito domestico del caminetto e poi della stufa, che sopravvivono tutt'oggi.

In ambito industriale in città vi erano prevalentemente opifici tessili, fabbriche di terrecotte, saponifici, panifici, pastifici, raffinerie di zucchero e tintorie.

Fuori città vi erano di preferenza officine metallurgiche, forni per la produzione della calce, fabbriche di tegole e saline.

Con la nascita e la crescita del sistema capitalistico crebbe la necessità da parte dell'industria di avere sempre più energia a disposizione e quindi di materie prime e cominciò quel fenomeno che va sotto il nome di inquinamento, sempre crescente; ad esso si associò la devastazione dell'ambiente.

Come esempio facciamo quello relativo **all'isola di Madera**, piccola isola dell'Africa settentrionale, sotto il dominio portoghese; tale isola deve il suo nome ai portoghesi stessi che la chiamarono ilha de Madeira, nel significato di *isola del legno*, perché essa era completamente ricoperta di boschi.

L'isola venne completamente disboscata perché ai portoghesi serviva il legname che utilizzarono inizialmente per la costruzione degli edifici e delle navi, poi per alimentare gli zuccherifici che utilizzavano la canna da zucchero.

Inoltre vaste distese di boschi furono tagliate per poter utilizzare il terreno per coltivare il frumento da inviare in Portogallo.

L'economia così devastata dell'isola si riprese molto più tardi grazie alla coltivazione della vite e alla produzione del famoso vino di Madera.

Il Portogallo iniziò la sua penetrazione in Africa e in Asia e poi in America, grazie ai finanziamenti di gruppi bancari europei, tra cui quelli genovesi; in Asia vi erano in particolare due paesi economicamente superiori ai paesi europei, ma strutturalmente deboli: Cina e India.

I portoghesi allestirono una forte flotta che raggiunse l'Oceano Indiano e lo occuparono con la forza posizioni strategiche; fecero così da battistrada alla penetrazione delle altre potenze europee nella zona dall'Asia meridionale.

Cristoforo Colombo, con i suoi viaggi per conto della Spagna, determinò la scoperta per gli europei di un nuovo mondo e la sua colonizzazione e sfruttamento, spesso selvaggio.

Gli abitanti autoctoni delle Americhe furono sterminati dai Conquistadores grazie anche a malattie infettive trasmesse a persone senza difese immunitarie ad hoc.

Lo sfruttamento e la crescente necessità di mano d'opera portarono enormi ricchezze nelle casse degli spagnoli e dei portoghesi: oro argento, prodotti dell'agricoltura, quali cacao, caffè, zucchero.

A queste due nazioni si aggiunsero i francesi e gli inglesi nell'America del Nord: le relative popolazioni furono private delle loro risorse fondamentali e in parte sterminate.

La necessità di molta mano d'opera e a buon prezzo creò poi un circuito nell'Atlantico conosciuto come *triangolo commerciale*, che si basava sulla tratta degli schiavi.

Dall'Europa venivano inviati in Africa prodotti tessili e altri manufatti, spesso non di qualità, che venivano scambiati con gli schiavi (non di rado razziati dai loro villaggi da vari gruppi), i quali venivano trasportati, con molte sofferenze e morti, nelle Americhe; qui venivano venduti e si acquistavano prodotti locali che venivano rivenduti in Europa; quest'ultimo percorso è quello che dava maggior profitto, anche del 300%.

Così si arricchirono alcuni paesi europei, tra i quali il Portogallo e la Spagna già ricordati, ma anche l'Inghilterra, la Francia, l'Olanda.

Questo flusso di ricchezza determinò l'ascesa della borghesia che vide la propria consacrazione prima con la rivoluzione americana e poi con quella francese; il capitalismo si affermò come sistema economico-sociale-culturale nei paesi europei per poi passare molto più tardi nel resto del mondo.

La rivoluzione industriale

I fenomeni precedentemente descritti spostarono il baricentro economico dall'area del Mediterraneo a quella del Mare del Nord, tagliando fuori paesi e zone come l'Italia del nord, mettendo in posizione privilegiata l'Olanda e poi l'Inghilterra che divenne la potenza dominante e in cui ebbe luogo la rivoluzione industriale.

È qui che avvenne il passaggio da una forma di capitalismo che chiamiamo mercantile a quello industriale; elemento fondamentale fu la ricchezza drenata dai paesi colonizzati che permisero di creare i capitali necessari all'avvio dell'industria, le varie produzioni ed il mercato ormai esteso ai tre continenti cui si aggiunse uno sviluppo tecnologico che, come abbiamo visto, era partito già dal Medioevo.

Aumentò molto l'industria manifatturiera che in Inghilterra basò il suo sviluppo sul carbone fossile; sviluppo che fu enormemente incrementato quando fu vietata l'importazione dall'India di un tessuto stampato di cotone, il calicò (dal francese *calicot*), detto anche "cencio della nonna", bloccando la concorrenza del paese asiatico.

Una tappa fondamentale nella storia del capitalismo ed umana fu l'invenzione della macchina a vapore, che vide James Watt migliorare quella di Newcomen, e che determinò per la prima volta l'utilizzo di energie diverse da quelle precedentemente ricordate e l'uso sempre più intenso delle macchine nell'industria e nella vita di ognuno.

La prima macchina a vapore fu introdotta nel filatoio nel 1790 e rappresentò una rivoluzione perché andò a sostituire il lavoro manuale, in parte già sostituito con filatoi che utilizzavano la forza idraulica; inoltre da questo momento iniziò un processo di meccanizzazione che non si è mai fermato.

Dividiamo questo processo in quattro fasi, a partire dall'introduzione della macchina a vapore sino ai giorni nostri:

1. Prima rivoluzione industriale, con introduzione delle macchine a vapore e meccanizzazione dell'industria.

2. Seconda rivoluzione industriale, con l'utilizzo dell'energia elettrica e con l'inizio della produzione di massa.

3. Terza rivoluzione industriale, con la nascita dell'elettronica e dell'informatica ed il loro uso crescente e totale.

4. Quarta rivoluzione industriale, con la nascita delle fabbriche intelligenti e con la speranza di un futuro sostenibile.

La prima rivoluzione industriale

- Iniziò in Inghilterra nel XVIII
- Dall'artigianato alle fabbriche
- Energia da acqua e vapore

Come ricordato, essa nacque in Inghilterra che allora era il paese più avanzato economicamente, industrialmente e militarmente e durò circa dalla metà del '700 alla metà dell''800.

Ebbe come caratteristica il passaggio da una produzione artigianale, in cui la produzione e tessitura avvenivano anche nelle abitazioni, ad una industriale con la movimentazione impressa dalle macchine a vapore, alimentate dalla legna o dal carbone fossile; si passò lentamente da un'economia artigianale ad una industriale.

Tale cambiamento interessò poi altre industrie, quali l'agricolo, il minerario, il vetro; la meccanizzazione del processo produttivo portò a velocizzare la realizzazione del prodotto e ad ampliarne il quantitativo anche di valori consistenti, sino ad sette/otto volte il precedente.

La locomotiva storica a Castelnuovo Garfagnana

Iniziò, cioè, quel processo di aumento continuo della produttività che rappresenta una caratteristica del sistema capitalistico, che mette in concorrenza i capitalisti per conquistare nuovi clienti e mercati.

Questa caratteristica dette poi un incremento alla tecnologia ed alla scienza che d'ora in poi andranno di pari passo influenzandosi a vicenda, nel senso che la tecnologia chiede alla scienza nuove teorie che le permettano di innovarsi e la scienza sfrutta o chiede nuove tecnologie per poter realizzare esperimenti di conferma di teorie.

Un elemento importante da ricordare nel campo scientifico e tecnologico fu l'invenzione della locomotiva moderna da parte di George Stephenson e di suo figlio Robert che permise di creare le prime ferrovie sia per il trasporto dei passeggeri che delle merci, accorciando di fatto le distanze tra le città; le fabbriche poi poterono essere collocate in posizioni più idonee e non in vicinanza delle materie prime o dei combustibili necessari a farle funzionare.

Questo evento rivoluzionò la mobilità via terra, meccanizzando la stessa e permettendo di raggiungere località lontane in breve tempo perché la locomotiva "non si affaticava" e poteva viaggiare a velocità maggiori di quelle di un cavallo.

Il carbone cominciò a diventare un elemento importante nella produzione di energia e fu utilizzato in maniera crescente a mano a mano che crescevano l'industria e i trasporti.

Facciamo un accenno alle condizioni di vita veramente precarie dei lavoratori delle fabbriche sottoposti a turni lunghi e pesanti, con sfruttamento della mano d'opera femminile e dei fanciulli; essi vivevano in abitazioni fatiscenti, con poca aerazione e luce, scarsi o inesistenti servizi igienici, con scarsità di cibo a disposizione.(vedi *La città nella storia* di Lewis Mumford, ed. Tascabili Bompiani 1961. o F. Engels nel suo famoso libro *"La situazione della classe operaia in Inghilterra"*).

La seconda rivoluzione industriale

Gli storici ne pongono l'inizio tra il Congresso di Parigi (1856) e quello di Berlino (1878) e coinvolse le principali potenze economiche europee e gli Stati Uniti per poi estendersi ad altri paesi.

> -Iniziò verso la fine del XIX secolo
> -Utilizzo dell'elettricità e del petrolio
> -Catena di montaggio in fabbrica e produzione di massa
> -Ulteriore riduzione della forza lavoro necessaria

Vengono utilizzate in questa fase due nuove fonti energetiche: *l'elettricità ed il petrolio*; esaminiamole in sintesi, rimandando ai capitoli dedicati ad ogni fonte energetica per un esame dettagliato.

L'energia elettrica permise nell'industria la sostituzione delle macchine a vapore con quelle elettriche che presentavano rispetto alle prime diversi vantaggi:

- rendimenti più elevati.
- Più semplici da usare.
- Una manutenzione più semplice.
- Più convenienti.
- Più compatte e flessibili.
- Non necessitavano di acqua.

Naturalmente per poter utilizzare i motori elettrici c'è la necessità di portare l'energia elettrica là dove ce n'è bisogno; si costruiscono quindi le prime centrali elettriche che inizialmente videro contrapporsi due tecnologie: quella a *corrente continua* che utilizza una dinamo e quella a *corrente alternata* che utilizza un alternatore.

Famosa è la controversia tra T. Alva Edison, che costruiva e proponeva quella in continua e Nicola Tesla che invece costruiva e proponeva quelle in alternata, controversia che provocò una vera e proprio conflitto fra due parti con grossi interessi economici.

Attualmente è chiaro che ci fu la necessità di adottare la corrente alternata per portare l'elettricità a grandi distanze.

L'utilizzo dell'energia elettrica permise inoltre di illuminare le città, sostituendo le lampade a gas con le lampade elettriche che non hanno bisogno di interventi locali di accensione e spegnimento, ma possono essere comandate da un unico punto e, in seguito, automatizzate.

Quest'ultimo fatto permise di lavorare con turni anche durante la notte portando, in alcune fabbriche, la produzione a valori lavorativi di 24 ore.

Il petrolio, con la sua estrazione in idonei siti, è stata l'altra rivoluzione che ha trasformato la vita e la tecnologia sino ai nostri giorni.

Il fatto determinante è dovuto all'invenzione del motore a scoppio, funzionante con vari derivati del petrolio: diesel e benzina.

Non ripercorreremo qui la storia di tale invenzione che il lettore può trovare in internet; parleremo dell'invenzione del motore a benzina perché fatta da un concittadino, il pietrasantino *Eugenio Barsanti* e il lucchese *Felice Matteucci*.

Questo motore permise la costruzione di automobili per il trasporto delle persone che ha rivoluzionato di fatto le città, ha stravolto le vie di comunicazione con strade sempre più grandi e lunghe e con la costruzione delle autostrade; l'asfaltatura delle maggior parte delle strade.

Naturalmente il petrolio ha avuto numerosi utilizzi, sia nei motori diesel per macchine di potenza, motori di grossi mezzi di locomozione, sia come base per la costruzione di *materie plastiche* grazie al notevole sviluppo dell'industria chimica; ricordiamo qui anche l'utilizzo dell'acciaio e quindi la nascita di questa industria.

Un elemento importante è stata la messa in atto di tecniche e programmi che hanno migliorato la qualità e la gestione della produzione: tra di esse citiamo il Taylorismo, con miglioramento dei tempi di produzione e dell'efficienza del lavoro basata sulla razionalizzazione del ciclo produttivo secondo criteri di ottimalità economica; essa fu raggiunta attraverso la scomposizione e parcellizzazione dei processi di lavorazione nei singoli movimenti costitutivi, cui venivano assegnati tempi standard di esecuzione.

Poi Henry Ford, similmente a quanto avveniva nei mattatoi di Chicago in cui ogni soggetto svolgeva un'unica operazione sui maiali che venivano uccisi e poi sezionati per la concia della carne da vendere, ideò la catena di montaggio: ogni operaio aveva un compito nell'assemblaggio dell'automobile, compiendo sempre gli stessi gesti e operazioni.

Tutti questi fattori hanno velocizzato la produzione e consentito di assemblare più prodotti e con costi economici minori.

Ciò a scapito della qualità del lavoro dell'operaio che si trovava a fare sempre gli stessi gesti ripetitivi e monotoni, senza poter sfruttare le sue capacità ed intelligenza, come potrebbe fare un artigiano e come avveniva prima quando per costruire una macchina un gruppo di operaio lavorava su una stazione di assemblaggio. Diminuì la necessita di mano d'opera a scapito della forza lavoro.

Si ricorda poi lo sviluppo delle telecomunicazioni, prima con l'avvento del telegrafo, poi del telefono ed infine con la radio.

La seconda rivoluzione industriale durò sino a circa la fine degli anni sessanta del secolo scorso.

La terza rivoluzione industriale

L'elettronica si era già sviluppata all'inizio del XX secolo, con l'invenzione della valvola termoionica che costituì il primo diodo;

-Utilizzo della microelettromica
-Era del digitale e dell'automazione
-Informatica, calcolatori dispositivi mobili, automazione
-Robotica e intelligenza artificiale

seguirono poi il triodo e il pentodo quali elementi capaci di amplificare un segnale; chi scrive ha vissuto come studente di ingegneria elettronica a Pisa, il passaggio epocale e fondamentale dallo studio delle valvole all'elettronica solida, alla microelettronica ed informatica.

Le valvole, pur funzionando correttamente, avevano il difetto di occupare grandi spazi e consumare notevoli potenze; il passaggio all'elettronica in modo generalizzato avviene con l'invenzione e l'utilizzo del transistor, grazie alle giunzioni p-n di cui parleremo nel capitolo sull'energia solare fotovoltaica.

La miniaturizzazione dei componenti elettronici e il loro assemblaggio in un unico piccolo chip, che può contenere anche centinaia di migliaia di componenti, rende possibile la costruzione di sofisticati, affidabili e economici apparecchi con applicazione in tutti i campi.

In particolare questi microchip sono utilizzati nei calcolatori elettronici il cui cuore è costituito dalla CPU; qui vengono eseguiti i calcoli e le comparazioni logiche e completano il sistema le memorie, le unità esterne e il software.

Il calcolatore elettronico funziona digitalmente, cioè tutti i segnali sono convertiti in numeri; questo fatto permette una grossa flessibilità nella manipolazione dei dati e la capacità di memorizzarli; prima i dispositivi funzionavano in modo analogico.

Tutto quanto detto sopra ha permesso una vera rivoluzione in ogni settore; tutti i componenti di controllo meccanici sono stati sostituiti da quelli elettronici.

Lo sviluppo dei calcolatori, che inizialmente funzionavano con schede perforate, ha permesso nuove tecniche di analisi, tra cui ricordiamo la simulazione di sistemi, in particolare quelli praticamente non analizzabili con gli usuali metodi matematici, con la possibilità di avere a disposizione un vero e proprio laboratorio virtuale.

L'industria si è poi automatizzata con lo sviluppo della robotica avendo a disposizione inizialmente i controllori logici programmabili e poi anche sistemi computerizzati completamente.

Lo sviluppo della rete internet, che ha praticamente connesso il nostro mondo, ha cambiato tutta la nostra vita; non entriamo nel dettaglio perché è una condizione che stiamo vivendo.

Vogliamo solo segnalare l'uso della parola *mobile* che viene oggi usata in tutti quei dispositivi elettronici che sono pienamente utilizzabili seguendo la mobilità dell'utente, quali telefoni cellulari, palmari, smartphone, tablet, laptop, lettori MP3, ricevitori GPS ecc. e utilizza le parole :

- mobile computing (calcolo mobile).
- Mobile internet device (dispositivi mobili di internet).

Quanto sinteticamente accennato, con i progressi dell'industria, la mano lunga della finanza, lo sviluppo delle telecomunicazioni e dei mezzi di spostamento delle persone, hanno permesso lo sviluppo del capitalismo in ogni luogo della Terra (**Globalizzazione**) e della fase storica, sociale e culturale denominata **Neoliberismo**.

In questo periodo è iniziato l'impiego delle **energie rinnovabili** che cominciano ad avere un peso nell'economia mondiale e che, si spera, soppiantino completamente quelle tradizionali come gas, carbone e petrolio.

È anche il periodo in cui si avvertono i cambiamenti climatici che destano una profonda preoccupazione; su questo problema l'autore ha scritto un libro a titolo *Storia dei cambiamenti climatici* cui si rimanda per una analisi dettagliata.

Vogliamo ricordare che a parere dello scrivente le problematiche relative ai cambiamenti climatici sono legate allo sviluppo del capitalismo, come pure lo stato di degrado della società, con una sempre più marcata differenziazione tra ricchi sempre più ricchi e pochi e poveri sempre più poveri e numerosi.

La quarta rivoluzione industriale

È la fase attualmente in corso; ne diamo i contenuti principali non potendo

-Automazione completa e intelligenza artificiale

- Nuvola Informatica, stampa 3D, IoT, realtà virtuale

-Futuro sostenibile?

parlare di essa come *storia*.

Tutte le tecnologie analizzate nella precedente fase portano ad una società che potrebbe avere le seguenti caratteristiche, che del resto sono già in parte in atto.

Un'automazione completa dei sistemi produttivi anche nel settore del trasporto, in particolare su strada e ferroviario grazie alle tecnologie di comunicazione e dell'intelligenza artificiale; certo viene da chiedersi dove vadano a finire gli operai e chi comprerà i prodotti vista la prevedibile scarsità di domanda, con un sistema economico capitalistico.

Possibilità di interconnettere tutta l'azienda grazie a sistemi in rete e possibilità di estendere questo sistema alla sua filiera completa o di aziende consorziate.

Miglioramento della manutenzione delle macchine per mezzo di un controllo continuo sulle stesse e alla raccolta di dati che possono dare indicazioni sulla loro usura sia parziale che totale.

Controllo di grossi impianti di fornitura dell'energia, come centrali elettriche, reti di distribuzione, cabine di trasformazione e fornitura all'utente con lettura automatica del consumo.

Domotica applicata alla casa che rappresenta una realtà già presente, perlomeno in uno strato di popolazione abbiente.

L'intelligenza artificiale che si avvale di algoritmi matematici per leggere dati e fare esperienza con essi; purtroppo questa tecnica è alla base di molti fornitori di servizi internet (anche gratuiti) che la utilizzano per conoscere le abitudini e i gusti degli utenti, per segnalare la disponibilità a vendere prodotti, come è nell'esperienza di tutti noi: quando acquistiamo un prodotto via internet o ne mostriamo un interesse visitando il sito in cui è presente, poco dopo ci appare la pubblicità di qualcuno, relativo al prodotto.

Si fa notare che l'intelligenza artificiale permette di creare dispositivi che, con idonei algoritmi, possono auto-apprendere e migliorare di continuo le proprie prestazioni.

Non andremo oltre; cercheremo solo di spiegare quanto scritto nella scheda del punto 4.

Nuvola informatica, in inglese *cloud computing*, Indica un paradigma (modello di riferimento) di erogazione di servizi offerti su richiesta, da un fornitore a un utente finale attraverso la rete internet (come l'archiviazione, l'elaborazione o la trasmissione dati), a partire da un insieme di risorse preesistenti, configurabili e disponibili in remoto sotto forma di architettura distribuita. Le risorse non vengono pienamente configurate e messe in opera dal fornitore appositamente per l'utente, ma gli sono assegnate, rapidamente e convenientemente, con procedure automatizzate, a partire da un insieme di risorse condivise con altri utenti, lasciando all'utente parte dell'onere della configurazione. Quando l'utente rilascia la risorsa, essa viene similmente riconfigurata nello stato iniziale e rimessa a disposizione nell'insieme condiviso delle risorse, con altrettanta velocità ed economia per il fornitore. [da wikipedia].

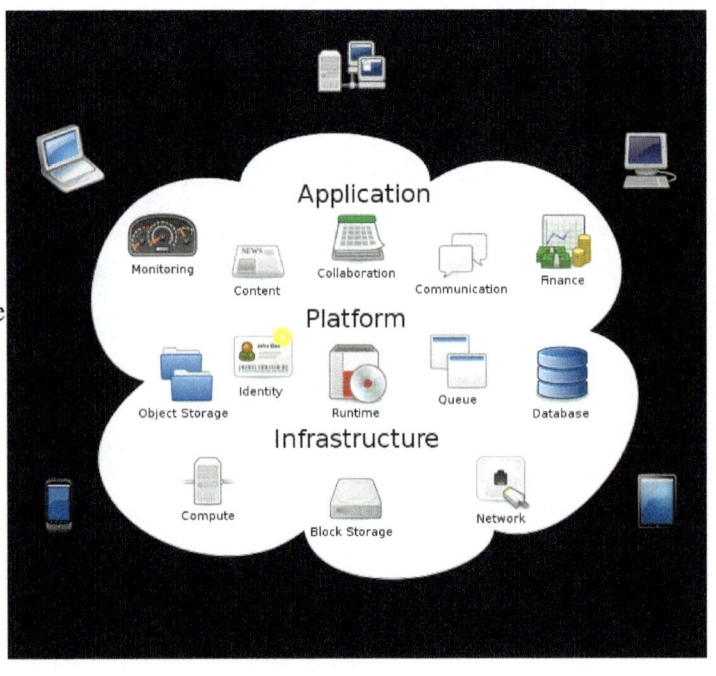

IoT

L'Internet delle cose (IdC), in inglese **Internet of Things (IoT)**, è un neologismo utilizzato nel mondo delle telecomunicazioni e dell'informatica che fa riferimento all'estensione di internet al mondo degli oggetti e dei luoghi concreti, che acquisiscono una propria *identità digitale* in modo da poter comunicare con altri oggetti nella rete e poter fornire servizi agli utenti.

Si tratta dell'evoluzione del web stesso, il 3.0, inteso come la generalizzazione del *Web of Things (o WoT)* e come parte anche del web semantico e degli altri tipi di web.

Il concetto rappresenta una possibile evoluzione dell'uso della rete internet: gli oggetti (le "cose") si rendono riconoscibili e acquisiscono intelligenza grazie al fatto di poter comunicare dati su se stessi e accedere ad informazioni aggregate da parte di altri. Le sveglie suonano prima in caso di traffico, le scarpe da ginnastica trasmettono tempi, velocità e distanza per gareggiare in tempo reale con persone dall'altra parte del globo, i vasetti delle medicine avvisano i familiari se si dimentica di prendere il farmaco. Tutti gli oggetti possono acquisire un ruolo attivo grazie al collegamento alla Rete.

Per "cosa" o "oggetto" si può intendere più precisamente categorie quali: dispositivi, apparecchiature, impianti e sistemi, materiali e prodotti tangibili, opere e beni, macchine e attrezzature. Questi oggetti connessi che sono alla base dell'Internet delle cose si definiscono più propriamente *smart object* (in italiano *oggetti intelligenti*) e si contraddistinguono per alcune proprietà o funzionalità. Le più importanti sono identificazione, connessione, localizzazione, capacità di elaborare dati e capacità di interagire con l'ambiente esterno.

L'obiettivo *dell'internet delle cose* è far sì che il mondo elettronico tracci una mappa di quello reale, dando un'identità elettronica alle cose e ai luoghi dell'ambiente fisico. Gli oggetti e i luoghi muniti di etichette RFID (identificazione a radiofrequenza) o codici QR comunicano informazioni in rete o a dispositivi mobili come i telefoni cellulari.

I campi di applicabilità sono molteplici: dalle applicazioni industriali (processi produttivi), alla logistica e all'infomobilità, fino all'efficienza energetica, all'assistenza remota e alla tutela ambientale.[Da wikipedia].

Stampa 3D

È la produzione di oggetti tramite apposite stampanti e di utilizzo del calcolatore tramite apposito software; esso utilizza la **produzione additiva** o **manifattura additiva** o **processo additivo** o **produzione a strati** (in inglese: *Additive Manufacturing*, o AM) che costituisce un processo industriale impiegato per fabbricare oggetti partendo da modelli 3D computerizzati, aggiungendo uno strato sopra l'altro, in opposizione alle metodologie tradizionali di produzione sottrattiva (fresatrici o torni), che partono da un blocco di materiale dal quale vengono rimossi meccanicamente trucioli.

La stampa 3D si usa comunemente nella visualizzazione dei modelli, nella prototipazione/CAD, nella colata dei metalli, nell'architettura, nell'educazione, nella tecnica geo spaziale, nella sanità e nell'intrattenimento/vendita al dettaglio. Altre applicazioni includerebbero la ricostruzione dei fossili in paleontologia, la replica di manufatti antichi e senza prezzo in archeologia, la ricostruzione di ossa e parti di corpo in medicina legale e la ricostruzione di prove gravemente danneggiate acquisite dalle indagini sulla scena del crimine. Utilizzando particolari processi di scansione e stampa 3D è anche possibile riprodurre i beni culturali.

Più recentemente, si è suggerito l'uso della tecnologia della stampa 3D per espressioni di tipo artistico. Gli artisti hanno usato le stampanti 3D in vari modi.[Da wikipedia]

Realtà virtuale

Con il termine **realtà virtuale** (a volte abbreviato in *VR* dall'inglese ***virtual reality***) si identificano vari modi di simulazione di situazioni reali mediante l'utilizzo di computer e l'ausilio di interfacce appositamente sviluppate.

Dell'utilizzo della simulazione abbiamo già parlato in precedenza; vogliamo qui parlare della realtà virtuale per vivere situazioni non reali come se ci apparissero reali e di vivere avventure del tutto simulate.

Il **futuro sostenibile** è tutto da costruire; l'autore non gradisce il termine *sviluppo sostenibile* perché esso è un ossimoro, cioè una contraddizione dei termini, giacché a suo parere un ulteriore sviluppo, necessario nel sistema capitalistico non è sostenibile, anzi va ad acuire i problemi legati ai cambiamenti climatici, all'inquinamento, alla produzione di rifiuti e al consumo di risorse, oltre al peggioramento dei rapporti sociali e l'impoverimento della maggior parte delle persone.

Qui si conclude la breve storia dell'energia e necessariamente della scienza e tecnologia.

CAPITOLO 3   Energia cinetica e potenziale gravitazionale

L'energia cinetica e gravitazionale svolgono un ruolo preponderante in vari campi, tra cui ricordiamo l'utilizzo nelle centrali idroelettriche; vediamo di cosa si tratta.

Energia cinetica

Si definisce **energia cinetica** l'energia che un corpo o un sistema di corpi possiede in virtù del suo movimento, come significa appunto la parola *cinetica*.

▶Essa è espressa dalla formula $E_c = \frac{1}{2}mv^2$, essendo **m** la massa del corpo, espressa in kg e **v** la velocità del corpo, espressa in metri al secondo $[\frac{m}{s}]$.

La formula ci dice che E_c è direttamente proporzionale alla massa e direttamente proporzionale al quadrato della velocità; questo significa che se, a parità di velocità, raddoppiamo la massa, raddoppia l'energia cinetica, se la triplichiamo triplica l'energia cinetica, ecc. .

Se, a parità di massa, raddoppiamo la velocità quadruplica l'energia cinetica, se triplichiamo la velocità l'energia cinetica diviene nove volte più grande, ecc. .

Facciamo due esempi numerici che chiariscano la situazione.

Esempio 1. Una macchina del peso complessivo di 2.000 kg, viaggia ad una velocità di 72 km/h = 20 m/s : la sua $E_c = \frac{1}{2} \times 2.000 \times 20^2 = 400.000 \, J$

Esempio 2. Una meteorite del peso di 0,1 kg che entra in atmosfera con la velocità di 10.000 m/s . la sua $E_c = \frac{1}{2} \times 0,1 \times 10.000^2 = 5.000.000 \, J$

I due esempi chiariscono il diverso ruolo della massa e della velocità.◀

Energia potenziale

L'energia potenziale gravitazionale è l'energia che è legata alla posizione di un corpo o sistema di corpi in un campo gravitazionale, quale quello dovuto alla Terra e che coinvolge gli oggetti che gravitano attorno ad essa.

▶ In formule $E_p = m.g.h$ essendo **m** la massa del corpo espressa in kg, **g** l'accelerazione di gravità espressa in $\frac{m}{s^2}$ e **h**, espressa in metri, l'altezza rispetto ad un riferimento arbitrario, ad esempio il livello del mare.

Esempio 3. Se un corpo di massa di massa 10 kg si trova ad un'altezza di 30 m rispetto al suolo, esso possiede un'energia potenziale di $10 \times 9,8 \times 30 = 2.940 J$,

con 9,8 [m/s²] il valore medio dell'accelerazione di gravità, circa al livello del mare.

Ricordando il teorema di conservazione dell'energia, se lasciamo cadere il sasso dell'esempio 3 esso, man mano che cade trasforma la propria energia potenziale gravitazionale in energia cinetica, sino a che, un'istante prima di toccare il suolo la sua energia cinetica non diviene 2.940 J ; tutto questo se trascuriamo l'energia persa per attrito. ◀

Questa situazione ci permette di capire l'uso che si può fare delle due energie e lo applicheremo alle centrali idroelettriche.

Centrali idroelettriche

Come afferma la parola una centrale idroelettrica sfrutta un bacino idrico per produrre energia elettrica e l'energia che utilizza è *rinnovabile*; cioè sfrutta una differenza di altezza per convertire energia potenziale gravitazionale in energia cinetica e quest'ultima per mettere in rotazione una turbina che è accoppiata ad un alternatore per produrre energia elettrica alternata.

Nota. *Come vedremo più avanti, se il movimento dell'alternatore è dovuto al vapore immesso nella turbina o ad un motore direttamente accoppiato all'alternatore si parla di centrale termoelettrica, se il vapore è dovuto ad un reattore nucleare si parla di centrale nucleare.*

Sotto viene presentato uno schema che rappresenta in modo sintetico il funzionamento della centrale.

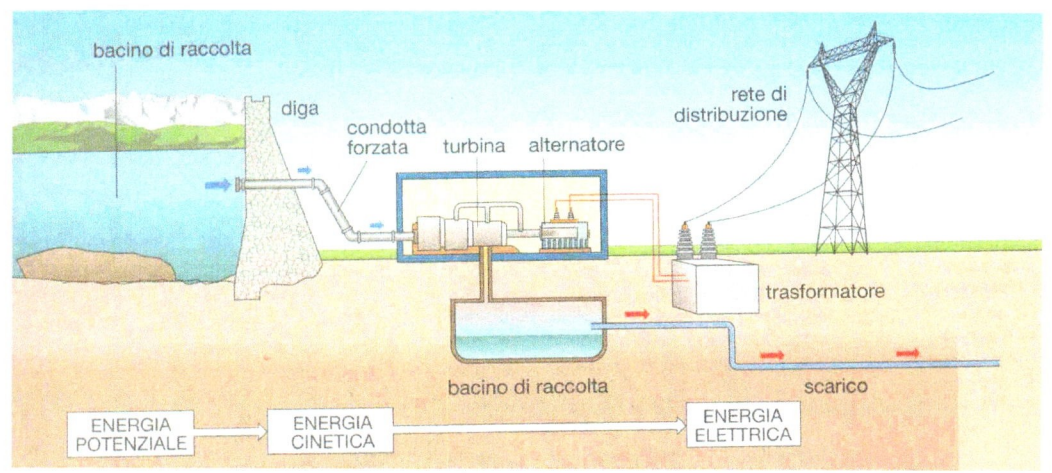

Immagine presa dal sito del prof. Antonio Vasco

Sotto ancora c'è un'immagine fotografica di una centrale idroelettrica.

L'energia elettrica disponibile sulla turbina viene convertita in energia elettrica tramite l'uso di un alternatore di cui parleremo più diffusamente nel capitolo dedicato all'energia elettrica.

Va qui ricordato che l'utilizzo della corrente alternata, al contrario di quella continua, permette il trasporto dell'energia elettrica a grandi distanze con contenute perdite, grazie all'utilizzo di trasformatori di tensione.

Di lato è mostrata una turbina tipica che presenta una palettatura che riceve l'acqua in caduta e trasforma l'energia cinetica della stessa in energia meccanica per far ruotare la turbina e quindi il rotore.

Potenze delle centrali idroelettriche

In base alla potenza nominale, si distinguono:

- *microimpianti*: potenza < 100 kWp;
- *mini-impianti*: 100 kWp – 1 MWp
- *piccoli impianti*: 1 – 10 MWp
- *grandi impianti*: > 10 MWp.

Gli impianti possono essere classificati anche in base alla caduta o salto (H):

- *Bassa caduta*: h < 20 m
- *Media caduta*: h = 20–100 m
- *Alta caduta*: h = 100–1000 m
- *Altissima caduta*: h > 1000 m

Girante di una turbina Pelton per centrali idroelettriche (wikipedia)

Infine, possono essere classificati in portata (Q)

- *Piccola portata*: Q < 10 m³/s
- *Media portata*: Q = 10–100 m³/s
- *Grande portata*: Q = 100–1000 m³/s
- *Altissima portata*: Q > 1000 m³/s

Nota. *Esistono due definizioni di portata: quella volumetrica che esprime il volume che passa nell'unità di tempo o quelle di massa, che esprime la quantità di materia (kg) trasportata nel tempo.*

Rendimento (η) delle centrali idroelettriche.

Il rendimento di un qualsiasi dispositivo è il rapporto tra la potenza utile fornita e quella assorbita; in formule $\eta = \frac{Pu}{Pa}$ ed è un numero puro (senza dimensione); esso può anche esse espresso in % $\quad \eta = \frac{Pu}{Pa} \cdot 100$

Il rendimento globale di una centrale idroelettrica è il prodotto dei rendimenti delle singole sezioni che la compongono: le condotte, le turbine e gli alternatori.

Nei **grandi impianti** esso vale $\eta = 0{,}82 \div 0{,}88$, un valore alto rispetto ad altri impianti; per le micro-centrali esso è $\eta = 0{,}50 \div 0{,}70$.

Nella pagina seguente è mostrata la produzione mondiale di energia idroelettrica *nell'anno 2020,* relativa ai primi 30 paesi (wikipedia); i valori riportati sono in MW (megawatt) e quindi si riferiscono alla potenza.

Si noti come la Cina sia ampiamente la maggior produttrice e come l'Italia si assesti all'undicesimo posto.

N	Nazione	Anno 2020
1	Cina	370.160
2	Brasile	109.318
3	Stati Uniti	103.058
4	Canada	81.058
5	Russia	51.811
6	India	50.680
7	Giappone	50.016
8	Norvegia	33.003
9	Turchia	30.984
10	Francia	25.897
11	Italia	22.448
12	Spagna	20.114
13	Vietnam	18.165
14	Venezuela	16.521
15	Svezia	16.479
16	Svizzera	15.571
17	Austria	15.147
18	Iran	13.233
19	Messico	12.671
20	Colombia	12.611
21	Argentina	11.348
22	Germania	10.720

N	Nazione	Anno 2020
23	Pakistan	10.002
24	Paraguay	8.810
25	Australia	8.528
26	Laos	7.376
27	Portogallo	7.262
28	Cile	6.934
29	Romania	6.684
30	Corea del Sud	6.506

L'energia totale prodotta a livello mondiale risulta di 4.500.000 MWh , pari a circa il 17% di tutta l'energia elettrica prodotta; di questa fonte energetica rinnovabile, l'**Europa** detiene circa il **19%** produzione mondiale, con l'installazione di 254 GW di potenza che consentono di generare circa **670 TWh**.

Oggi, tuttavia, la crescente attenzione all'impatto ambientale in Europa privilegia la manutenzione ed il miglioramento delle centrali esistenti rispetto alla costruzione di nuove ed è per questo che la produzione energetica derivante da questa fonte si è attestata solo su una crescita del 6%.

Nell'immagine delle pagine seguenti viene fornita la capacità degli impianti di generazione dell'energia elettrica in Italia; i dati sono forniti dalla società **Terna** che gestisce le linee elettriche, essendo responsabile delle attività di pianificazione, sviluppo e manutenzione della rete di trasmissione nazionale (RTN), nonché della gestione dei flussi di energia elettrica che vi transitano.

Dalle figure si ricava che a fronte di una potenza *totale di 119.780,8 W* , *l'idroelettrico fornisce 23.147 ,3 W* , pari al **19,32 %** del totale elettrico.

Il lettore interessato a maggiori dati può visitare il sito di Terna, ampiamente documentato, e digitare su *statistiche* per avere molti dati a disposizione, divisi anche per regione e province.

Facciamo inoltre notare che alcuni diagrammi presenti sul sito sono interattivi, permettendo di evidenziare ulteriori dati.

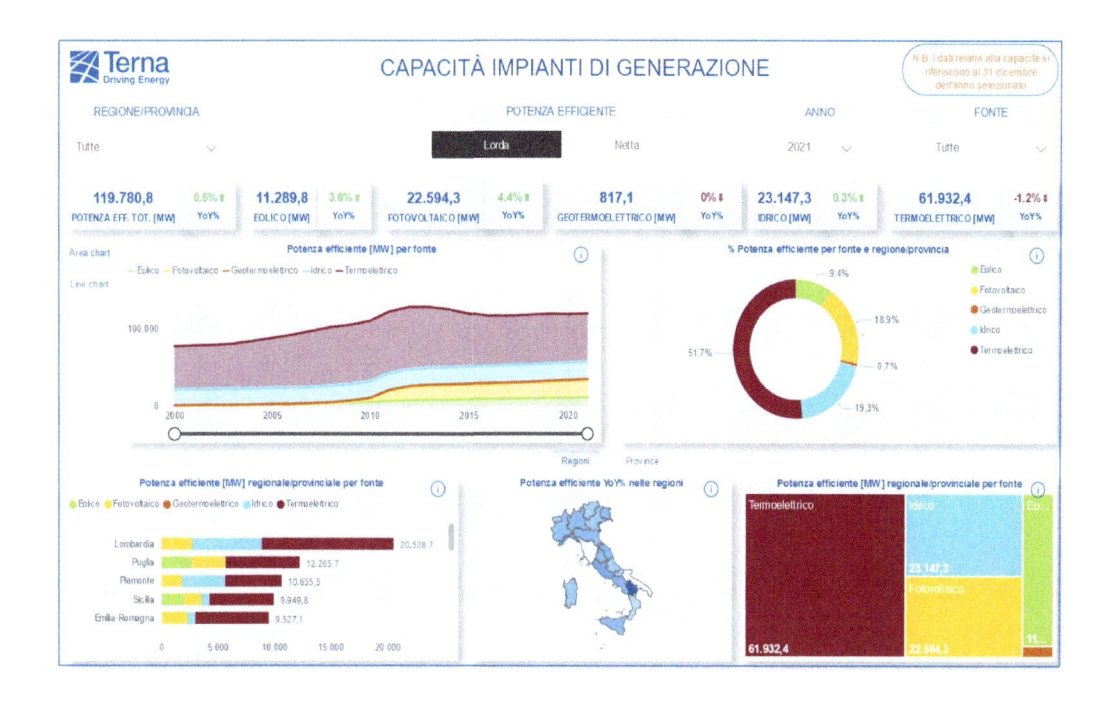

CAPACITÀ IMPIANTI DI GENERAZIONE

N.B. I dati relativi alla capacità si riferiscono al 31 dicembre dell'anno selezionato

REGIONE/PROVINCIA: Tutte — POTENZA EFFICIENTE: Lorda / Netta — ANNO: 2021 — FONTE: Tutte

119.780,8 POTENZA EFF. TOT. [MW] (0,6% YoY%)	**11.289,8** EOLICO [MW] (3,6% YoY%)	**22.594,3** FOTOVOLTAICO [MW] (4,4% YoY%)	**817,1** GEOTERMOELETTRICO [MW] (0% YoY%)	**23.147,3** IDRICO [MW] (0,3% YoY%)	**61.932,4** TERMOELETTRICO [MW] (-1,2% YoY%)

Potenza efficiente [MW] per fonte (Area chart / Line chart): Eolico, Fotovoltaico, Geotermoelettrico, Idrico, Termoelettrico — 2000–2020

% Potenza efficiente per fonte e regione/provincia: Eolico 9,4%; Fotovoltaico 18,9%; Geotermoelettrico 0,7%; Idrico 19,3%; Termoelettrico 51,7%

Potenza efficiente [MW] regionale/provinciale per fonte:
- Lombardia: 20.528,7
- Puglia: 12.263,7
- Piemonte: 10.655,5
- Sicilia: 9.948,8
- Emilia Romagna: 9.527,1

Potenza efficiente [MW] regionale/provinciale per fonte (treemap): Termoelettrico 61.932,4; Idrico 23.147,3; Fotovoltaico 22.594,3; Eolico 11...

	Invasi dei Serbatoi	NORD	CENTRO SUD	ISOLE	TOTALE
Gen 23	[GWh]	1.105	983	152	2.240
	% (Invaso/Invaso Massimo)	25,5%	54,2%	39,9%	34,3%
Gen 22	[GWh]	1.169	773	254	2.196
	% (Invaso/Invaso Massimo)	27,0%	42,6%	66,6%	33,7%

Fonte: Terna

Produzione idroelettrica rinnovabile (sx) e Distribuzione della capacità in esercizio[1] (dx)

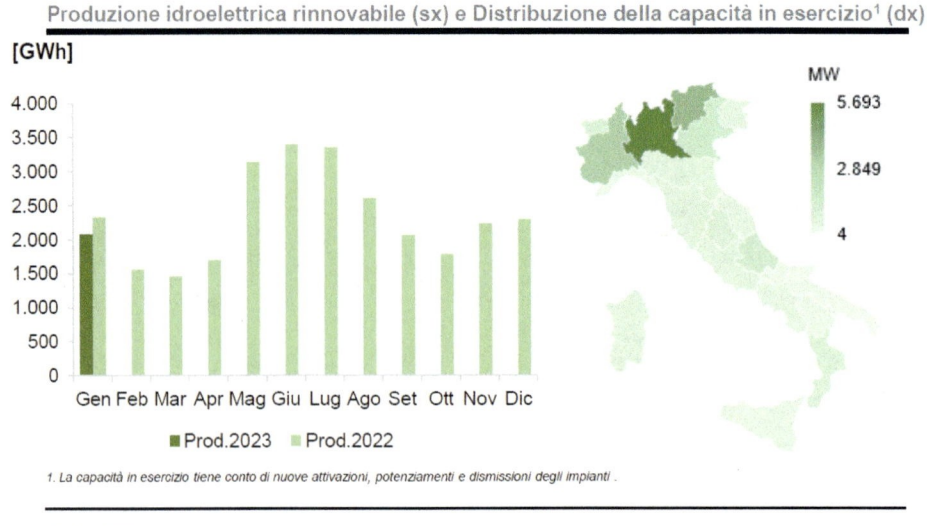

1. La capacità in esercizio tiene conto di nuove attivazioni, potenziamenti e dismissioni degli impianti.

Fonte: Terna

Vantaggi dell'idroelettrico

L'energia idroelettrica è rinnovabile e pulita; il bacino è alimentato da fiumi e quindi dall'acqua piovana; esiste tuttavia un problema legato ai cambiamenti climatici, che per effetto dell'aumento della temperatura, della progressiva diminuzione dei ghiacciai e delle nevi perenni, può portare a una ridotta capacità, in alcuni momenti, della portata d'acqua e quindi della produzione di energia elettrica. Questo è vero per le piccole e medie centrali. Le grandi potrebbero resistere più a lungo: dipende da come si evolveranno i cambiamenti climatici.

Le **centrali idroelettriche** consentono di proteggere zone paludose e allontanare il pericolo di inondazioni grazie al contenimento dei corsi d'acqua per mezzo di dighe. La produzione di energia tramite le **centrali idroelettriche** ha dei costi piuttosto contenuti, dettati da spese di manutenzione e funzionamento particolarmente vantaggiose ed economiche, soprattutto se paragonate a quelle degli impianti nucleari o a carbone.

Pompaggio

Tecnicamente, una centrale a pompaggio utilizza l'elettricità prodotta in eccesso (di notte o nei momenti di minore domanda) per riempire un invaso idroelettrico a monte, in grado di generare elettricità quando richiesto. Il **rendimento medio è di circa il 70%** o di poco superiore, cioè per ogni 10 kWh spesi per il pompaggio si ricavano 7 kWh nella fase di generazione.

Si tratta di **impianti importanti per la gestione della rete elettrica**, perché sono in grado di entrare in servizio in tempi rapidissimi per far fronte alle variazioni di carico sulla rete, sono molto affidabili e sono anche svincolati dall'idrologia, poiché lavorano in gran parte a ciclo chiuso.

Svantaggi

Impatto ambientale, sia estetico sia sulla flora e fauna.

Rumorosità dell'impianto. Possibile basso ossigeno nell'acqua. Le dighe, inoltre, possono provocare fenomeni di erosione costiera impedendo il trasporto di materiali solidi come ghiaia e sabbia.

Grandi dighe, come in Cina, hanno costretto milioni di abitanti a cambiare luogo di residenza.

Nuovo sistema di accumulo

Sta iniziando ad essere sfruttato un sistema innovativo, ma semplice, di immagazzinamento dell'energia sviluppata; in particolare lo si utilizza per immagazzinare energia quando questa è in sovrappiù. Il lettore ricorderà che nelle centrali idroelettriche, quando si ha un eccesso di energia rispetto alla richiesta, questa viene utilizzata per pompare l'acqua nel bacino sovrastante in modo di ottimizzare il sistema. Una cosa simile viene fatta sfruttando enormi pesi, di 35 tonnellate, che vengono sollevati quando si ha un eccesso di produzione di energia elettrica da un impianto e fatti scendere per riconvertire l'energia potenziale gravitazionale, prodotta nella salita dei pesi, in energia cinetica e mettere in rotazione un alternatore, utilizzando l'energia sul posto o immettendola in rete; si fruttano le formule date a inizio capitolo.

Sotto viene mostrato un tale impianto della ditta Energy Vault in Svizzera; l'immagine è tratta dal sito della ditta e le notizie l'autore le ha apprese dalla trasmissione *report*.

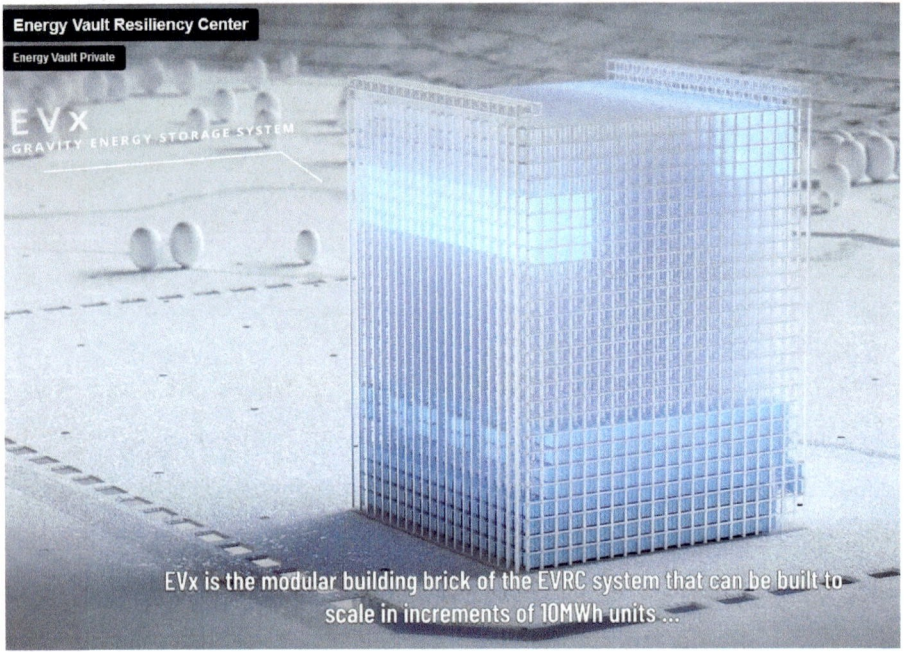

La ditta costruisce i moduli in cui vengono sollevati i pesi; tali moduli possono essere assemblati secondo le esigenze.

Si vede dalla figura che l'impianto, abbinato ad una fonte rinnovabile come il solare termodinamico, fotovoltaico, bioenergia o eolico, rende questi sistemi continui nel tempo, togliendo quella discontinuità tipica di queste fonti.

Un tale sistema potrebbe essere sfruttato al massimo utilizzando vecchie miniere abbandonate, che permettono di avere variazioni di altezza notevoli, pari alla profondità della miniera stessa; una tale possibilità nella trasmissione di *report* è stata riferita agli amministratori delle miniere sarde del Sulcis, che hanno pozzi con profondità che vanno da 300 a 500 metri, differenze di altezze non utilizzabili in impianti sopra terra.

Questo fatto permetterebbe di creare un impianto con notevoli capacità di accumulo di energia, riqualificare un sito dismesso e dare occupazione. Sembra che il progetto interessi molto sia la società che gestisce la miniera, sia gli amministratori locali.

CAPITOLO 4 Energia termica

L'energia termica o calore può essere definito come l'energia che si trasmette da un corpo più caldo ad uno più freddo quando sono messi a contatto.

Ha come unità di misura nel SI il J, ma, essendo una delle prime forme di energia studiate, storicamente viene misurata con altre unità di misura tra cui ricordiamo la caloria (Cal) pari a 4,186 J o un suo multiplo la kCal pari a 4.186 J; queste ultime sono ancora utilizzate per indicare quanta energia è associata ai cibi che mangiamo.

▶Parlando di calore si deve necessariamente parlare di temperatura, che in fisica rappresenta l'energia cinetica totale di traslazione delle molecole che compongono un corpo, a meno di una costante.

La temperatura può essere misurata in varie scale; le due che utilizzeremo sono:

- *la scala Celsius o centrigrada* che rappresenta l'abituale scala che utilizziamo (ad eccezione di alcuni Stati come gli Stati Uniti); essa è tarata, alla pressione di 1 atmosfera, al punto di fusione del ghiaccio, corrispondente allo 0 °C e al punto di ebollizione dell'acqua, corrispondente a 100 °C. Questo intervallo viene diviso in 100 parti e ogni parte corrisponde al 1 °C.

- *La scala Kelvin* usata soprattutto in campo scientifico ed è usuale indicarla con la T (maiuscola); si è scoperto che esiste un limite inferiore della temperatura e si è assegnato a tale limite 0 K. La variazione di 1 K è eguale a quella di 1 °C per cui ogni valore della scala Kelvin si ottiene sommando, al valore nella scala Celsius, 273,15. In formule

$$T(K)=t(°C)+273{,}15$$

- di norma nei calcoli che non richiedono precisione si pone $273{,}15 \rightarrow 273$.

Facciamo degli esempi numerici.

Esempio 1 Supponiamo di avere una temperatura di 27 °C; essa corrisponderà ad una temperatura di 300 K.

Esempio Supponiamo di avere una temperatura di 100 K; essa corrisponderà ad una temperatura di -173 °C.

Altre definizioni utili.

Capacità termica di un corpo = $Q/\Delta t$ [J/°C] essendo Q il calore scambiato e Δt la variazione di temperatura.

Calore specifico di una sostanza = $Q/(\Delta t \; m)$ [J/(°C kg] essendo m la massa del corpo.

Ad esempio l'acqua ha un grande calore specifico rispetto al ferro; se forniamo la stessa quantità di calore all'acqua e al ferro, a parità di massa, l'acqua si riscalda molto meno (circa 1/9) perché è capace di accumulare più calore. Questo fatto spiega molti fenomeni fisici, tra cui ricordiamo la mitigazione di località in vicinanza del mare, rispetto a luoghi continentali.

Conduzione del calore

Rappresenta la capacità di un corpo a trasmettere il calore ed è tipica dei corpi solidi; esistono buoni conduttori di calore come i metalli e cattivi conduttori (isolanti) come lana di roccia polistirene ecc. ; è noto il loro utilizzo nell'edilizia e negli impianti di riscaldamento.

Convezione

Rappresenta la trasmissione del calore per spostamento di materia ed è tipica dei liquidi e gas; basti pensare a ciò che avviene in una pentola che bolle in cui si hanno moti convettivi risalenti al centro e discendenti ai lati. La convezione determina i venti, le correnti sia atmosferiche che marine e quindi condiziona in modo fondamentale il clima.

Irraggiamento

È la trasmissione del calore per radiazioni elettromagnetiche, come fa il Sole nello spazio.

Tutti i corpi, per il fatto di trovarsi ad una certa temperatura emettono radiazioni che variano in frequenza: più bassa è la temperatura e più bassa è la frequenza; per noi la frequenza è associata al colore (dal rosso al violetto).

Un effetto collegato alla radiazione è quello serra di cui ho parlato ampiamente nel mio libro citato.

Infine è necessario citare i due principi della termodinamica ed in particolare il secondo.

Il *primo principio* rappresenta quello della conservazione dell'energia applicato al calore e lavoro.

Il *secondo principio* è importantissimo per i nostri scopi perché è relativo alla possibilità di trasformare l'energia termica in lavoro e quindi è relativo alle macchine termiche.

Esso afferma che non è possibile trasformare tutta l'energia termica in lavoro perché una parte di essa deve essere ceduta ad una sorgente a bassa temperatura. Precisiamo meglio.

Ogni motore termico deve prelevare calore da un sorgente calda (termostato), produrre lavoro necessario per il movimento e <u>necessariamente</u> fornire una parte del calore ad una sorgente fredda, cioè $T_c > T_f$; quindi il rendimento della macchina termica è sempre minore di uno o del 100%.

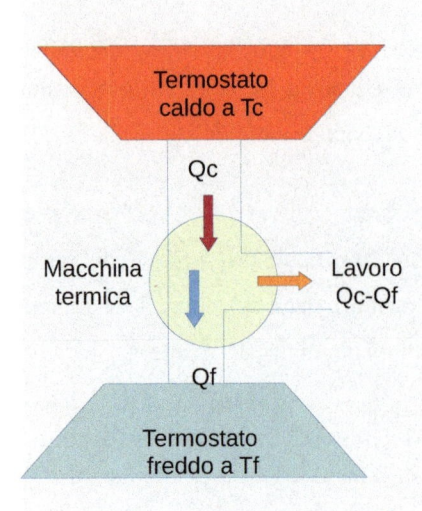

Macchina termica idealizzata 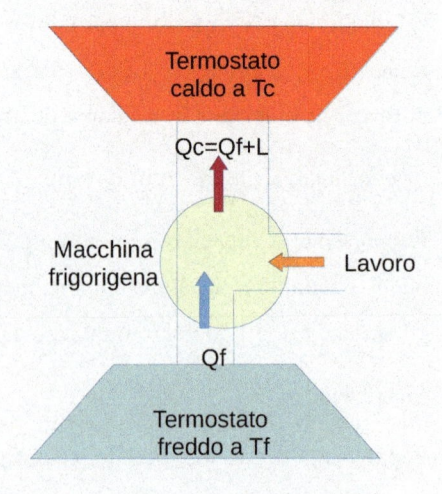 — **Macchina frigorigena idealizzata**

Questo principio è teorico e non deriva dalla tecnologia applicata; più alta è Tc e migliore è la qualità dell'energia termica.

Un motore a combustione di un'automobile ha tipicamente un rendimento del 40%; significa che il 60% dell'energia non è utile ai fini del movimento.

La macchina frigorifera funziona con un ciclo contrario a quello del motore termico: tramite un lavoro, fornito da un compressore, si trasferisce calore da una sorgente più fredda (esempio l'interno del frigorifero) ad una sorgente più calda (l'esterno del frigorifero).

Quest'ultimo calore viene sfruttato nelle pompe di calore il cui C.O.P. (una specie di rendimento) può essere molto maggiore di 1. ◄

Le centrali termoelettriche a carbone

Come già detto le centrali si differenziano per l'utilizzo dell'energia che fa ruotare il rotore dell'alternatore.

Nel caso in esame il motore è termico: l'energia chimica che si sviluppa nella combustione del carbone viene utilizzata per produrre vapore, il quale alimenta una turbina che fa ruotare l'alternatore.

Il carbone è un combustibile fossile così come il gas naturale e petrolio ma, a differenza di questi ultimi, è solido. Si origina da resti di piante e organismi vegetali del passato che hanno subito una serie di processi chimico-fisici ad opera di funghi e batteri, circa 345 milioni di anni fa, che ne hanno trasformato la struttura. Avendo un alto potere calorifico, il carbone ancora oggi rimane una delle principali fonti di energia a livello mondiale.

Il potere calorifico di una sostanza è la quantità di calore che si sviluppa dalla combustione di un chilogrammo di detta sostanza: per il carbone esso varia a seconda del tipo di carbone come mostrato nella tabella che segue.

Tipologia	Potere calorifico (kCal/kg)
Torba	7.000÷8.500
Lignite	5.700
Litantrace	7.000÷8.500
Antracite	8.500

La *litantrace* è il carbone più diffuso in natura, il più utilizzato a livello industriale e per la produzione di energia elettrica. Da esso si ottiene anche il coke, un carbone artificiale compatto e resistente impiegato negli altiforni.

I maggiori 20 produttori di carbone (milioni di tonnellate) nel mondo sono:

Pos.	Paese	2016	2015	2014	2013
—	*Mondo*	7.460,4	7.861,1	8.164,9	8.074,6
1	Cina	3.411,0	3.747,0	3.874,0	3.974,3
2	India	692,4	677,5	648,1	608,5
3	Stati Uniti	660,6	812,8	906,9	893,4
4	Australia	492,8	484,5	503,2	472,8
—	*Unione europea*	484,7	528,1	491,5	557,9
5	Indonesia	434,0	392,0	458,0	474,6

#	Paese				
6	Russia	385,4	373,3	357,6	355,2
7	Sudafrica	251,3	252,1	260,5	256,3
8	Germania	176,1	183,3	185,8	190,6
9	Polonia	131,1	135,5	137,1	142,9
10	Kazakistan	102.4	106,5	108,7	119,6
11	Colombia	90,5	85,5	88,6	85,5
12	Turchia	70,6	58,4	65,2	60,4
13	Canada	60,3	60,7	68,8	68,4
14	Repubblica Ceca	46,0	46,2	46,9	49,0
15	Ucraina	41,8	38,5	60,9	84,8
16	Vietnam	39,4	41,5	41,2	41,1
-	Corea del Nord		38,8	34,0	33,0
17	Serbia	38,4	38,1	29,8	40,3
18	Mongolia	38,1	24,5	25,3	30,1
19	Grecia	33,1	47,7	49,3	53,9
20	Bulgaria	31,5	35,9	31,3	28,6

In Italia *non ci sono giacimenti di carbone*, eccetto il bacino sardo del Sulcis Iglesiente, attivo fino al 2015; l'ultimo dato sulla produzione è di 80.000 t , riferite al 2012.

La figura che segue mostra lo schema di una centrale a carbone.

Si nota la presenza di un combustibile, nel nostro caso il carbone, che permette la combustione e il riscaldamento di una caldaia per la produzione di vapore che viene immesso, tramite una pompa, in una turbina facendola girare; la turbina è coassiale all'alternatore e lo fa girare permettendo la generazione dell'elettricità.

Lo schema di trasformazione dell'energia e di funzionamento è sinteticamente espresso

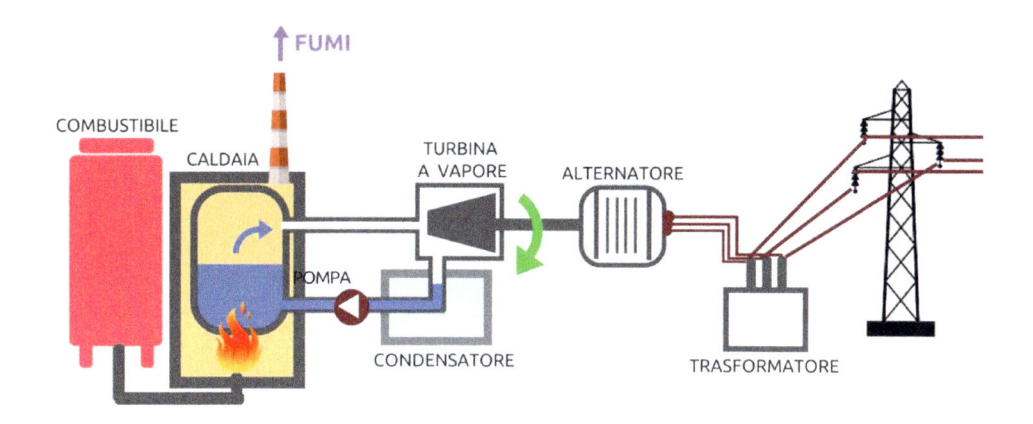

Schema di funzionamento di una
CENTRALE TERMOELETTRICA A VAPORE

nella figura sotto.

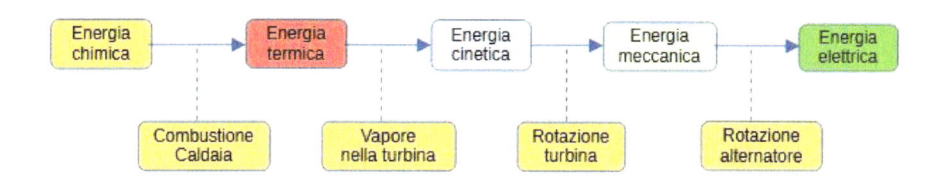

Vantaggi

Sono quelli di poter essere utilizzato come combustibili a costi relativamente contenuti, di generare un'energia costante nel tempo e attualmente (2021) coprono circa un quarto dell'energia prodotta.

Svantaggi

Grande Inquinamento ed alta emissione di CO_2, gas serra e responsabile delle piogge acide, come del resto fanno quasi tutti i fenomeni che utilizzano la combustione. Inoltre *il carbone non è rinnovabile* perché la sua formazione è dovuto ad un periodo geologico preciso e la sua formazione richiede molto tempo. Dipendenza dell'Italia dall'approvvigionamento estero.

L'Italia aveva annunciato la sua uscita dal carbone e il gas, in sintonia con quanto deliberato dalla UE; tuttavia, causa la speculazione internazionale sui combustibili e poi la guerra in Ucraina, con conseguente aumento dei prezzi dei combustibili stessi e della possibili della loro carenza, si è deciso continuare ad utilizzare le centrali a carbone. E soprattutto a gas.

Le centrali a carbone ancora presenti in Italia, con le rispettive potenze di produzione di energia elettrica, sono:

1. Portovesme, Sardegna, Enel, 480 MW
2. Torrevaldaliga Nord, Lazio, Enel, 1.980 MW
3. Porto Torres, Ep produzione, Enel, 600 MW
4. La Spezia, Liguria, Enel, 682 MW
5. Fusina, Veneto, Enel, 976 MW
6. Monfalcone, Friuli Venezia Giulia, A2A, 336 MW
7. Brindisi Nord, Puglia, A2A, 2.640 MW

Le centrali a carbone, in Italia, hanno fornito energia elettrica, *rispetto al termoelettrico globale*, per circa il 7%, riferito all'anno 2021, dimezzando il loro contributo che era del 14% nel 2018, il 22% nel 2015 , 24% nel 2014, massimo raggiunto a partire dal 2000.

Nella figura che segue sono riassunti tutti i dati forniti da Terna, la società che gestisce le linee elettriche; i dati sono relativi al termoelettrico e, nel caso della figura, al 2021.

I grafici sono interattivi e permettono di ricavare molti dati, anche per regione.

Nota. Una discussione generale sulla produzione e sui consumi in Italia verrà fatta alla fine della presentazione delle varie energie.

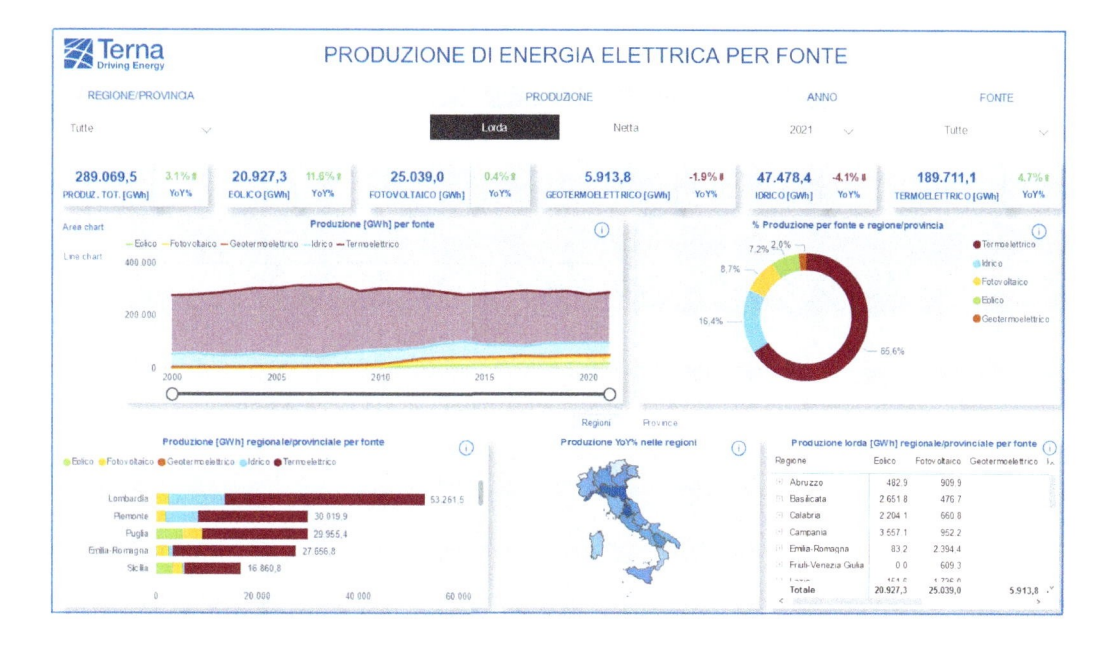

Centrali a gas

Il principio di funzionamento è simile a quello delle centrali carbone con schemi ed energia in gioco analoghi.

Tale principio è mostrato nello schema a blocchi sottostante; naturalmente, cambiando il combustibile, cambiano le caratteristiche delle macchine utilizzate.

Questo tipo di centrali è caratterizzato dall'impiego di un fluido sotto forma di gas che non subisce transizioni di fase e sono costituiti da quattro sezioni: compressione del gas, riscaldamento del gas, espansione del gas, scarico o raffreddamento del gas. Tipicamente queste sezioni sono unite in un gruppo turbogas.

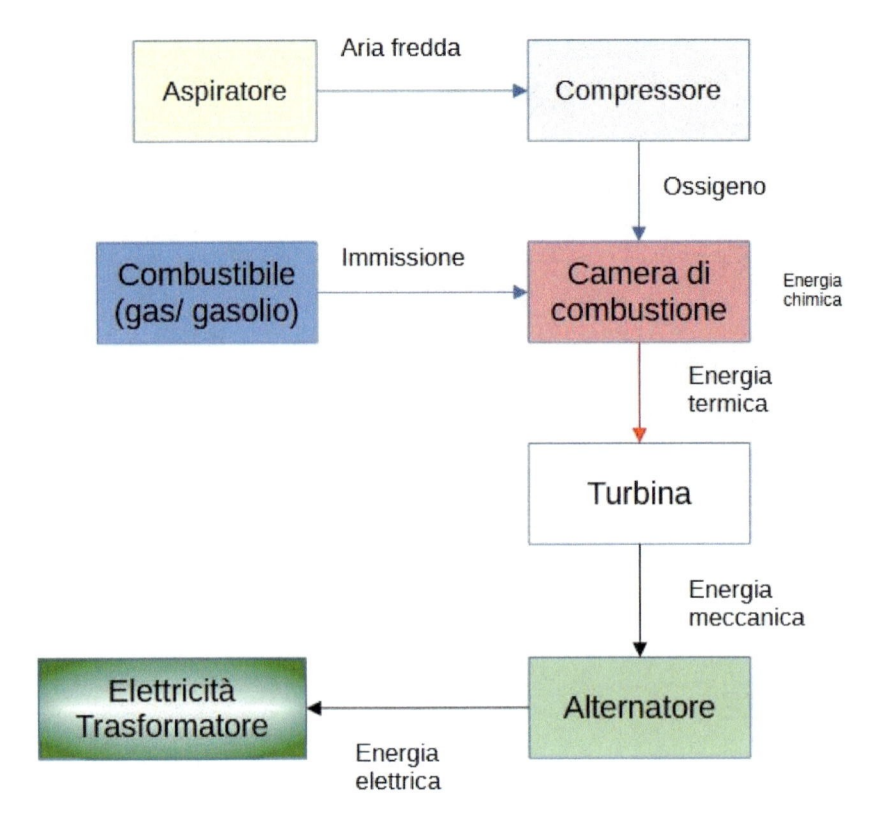

```
Aspiratore  --Aria fredda-->  Compressore
                                  |
                                  | Ossigeno
                                  v
Combustibile  --Immissione-->  Camera di      <-- Energia chimica
(gas/ gasolio)                 combustione
                                  |
                                  | Energia termica
                                  v
                               Turbina
                                  |
                                  | Energia meccanica
                                  v
Elettricità   <--Energia--    Alternatore
Trasformatore    elettrica
```

La compressione del gas avviene solitamente attraverso un turbocompressore assiale, o per impianti più piccoli radiale, è tipico avere i primi stadi statorici mobili per consentire il controllo della macchina in maniera più agevole. Il riscaldamento del gas può avvenire o tramite uno scambiatore, quando è necessario mantenere separata la combustione dal fluido di lavoro, o più comunemente in un combustore dove un combustibile viene bruciato nel fluido di lavoro, necessariamente con aria o ossigeno; l'espansione avviene in una turbina . Nel caso di impianti operanti ad aria è anche presente un'importante

Turbina a gas Mitsubishi

sezione di filtraggio e purificazione dell'aria in aspirazione.

Il **gas naturale** è un gas prodotto dalla decomposizione anaerobica di materiale organico. In natura si trova comunemente allo stato fossile, insieme al petrolio, al carbone o da solo in giacimenti di gas naturale. Viene però anche prodotto dai processi di decomposizione correnti, nelle paludi (in questo caso viene chiamato anche **gas di palude**), nelle discariche, durante la digestione negli animali e in altri processi naturali. Viene, infine, sprigionato nell'atmosfera anche da eruzioni di origine vulcanica.

Composizione chimica

Il principale componente del gas naturale è il metano (CH_4), la più piccola fra le molecole degli idrocarburi. Normalmente contiene anche idrocarburi gassosi più pesanti come etano, propano e butano, nonché, in piccole quantità, pentano.

Sono sempre presenti modeste percentuali di gas diversi dagli idrocarburi, ad esempio anidride carbonica (CO_2), azoto, ossigeno (in tracce), gas nobili e solfuro di idrogeno (H_2S).

Il solfuro d'idrogeno e il mercurio (Hg) sono considerati i contaminanti più nocivi, che devono essere rimossi prima di qualsiasi utilizzo.

Potere energetico

La combustione di un metro cubo di gas naturale di tipo commerciale generalmente produce circa 38 MJ, ossia 10,6 kWh.

Più precisamente si ha:

- Potere calorifico superiore: 13.284 kcal/kg oppure 9.530 kcal/Nm^3 equivalenti a 39,9 MJ/Nm^3
- Potere calorifico inferiore: 11.946 kcal/kg oppure 8.570 kcal/Nm^3 equivalenti a 35,88 MJ/Nm^3

Questi valori sono solo indicativi e variano a seconda del distributore, in funzione della composizione chimica del gas naturale distribuito ai clienti, che può variare nel corso dell'anno, anche con lo stesso distributore. (*Da wikipedia*).

Nota. Per *potere calorifico superiore* si intende la quantità di calore che si sviluppa, a pressione costante, bruciando una massa unitaria di una sostanza, ad esempio un kg o un metro cubo di gas. Per *potere calorifico inferiore* si intende la quantità di calore che si sviluppa nelle condizioni precedenti, ma diminuendo questo calore della parte necessaria a far evaporare l'acqua presente nella combustione. Questi è il calore che si utilizza nelle macchine termiche perché è quello realmente disponibile. Nelle *caldaie a condensazione* si recupera parte del calore dei fumi per aumentare il rendimento delle stesse. La parola normal metro cubo (Nm^3) si usa per le sostanze che si trovano allo stato gassoso in condizioni "normali"; corrisponde alla quantità di sostanza che occupa un metro cubo alla temperatura di 0 °C (273,15 K) e alla pressione assoluta di 1,01325 bar (1 atmosfera); infatti un gas occupa volumi diversi in funzione della sua pressione e temperatura.

I 20 maggiori paesi produttori dii gas naturale sono presentati nella tabella che segue; si fa notare che l'Italia occupa la 46 posizione con 7.800 t (2012).(fonte wikipedia).

Pos.	Paese	Continente	Produzione annuale (milioni di m^3)	Anno
1	Stati Uniti	Nord America	766.200	2015
2	Russia	Eurasia	635.500	2015
3	Iran	Asia	174.500	2014
4	Qatar	Asia	160.000	2014
5	Canada	Nord America	151.500	2014
6	Cina	Asia	150.000	2014
—	Unione europea	—	120.000	2015
7	Norvegia	Europa	108.800	2014
8	Arabia Saudita	Asia	102.400	2014
9	Algeria	Africa	83.290	2014
10	Turkmenistan	Asia	76.000	2014
11	Indonesia	Asia	75.000	2015
12	Malaysia	Asia	65.420	2015
13	Australia	Oceania	62.640	2014
14	Uzbekistan	Asia	61.740	2014
15	Emirati Arabi Uniti	Asia	54.240	2014
16	Egitto	Africa	48.800	2014
17	Paesi Bassi	Europa	47.460	2016
18	Messico	Nord America	44.370	2014

Pos.	Paese	Continente	Produzione annuale (milioni di m^3)	Anno
19	Bolivia	Sud America	48.970	2012
20	Regno Unito	Europa	40.990	2012

Vantaggi e svantaggi

Sono quelli comuni a tutte le centrali termoelettriche (vedi la parte carbone).

Le centrali a gas sono numerose e non è utile il loro elenco; sono distribuite lungo tutto il territorio italiano; con la situazione attuale di speculazione e di guerra in Ucraina, è prevista la rimessa in funzione (ammodernamento) di nuove centrali a gas o la nuova costruzione, anche in alternativa a quelle a carbone -si parla di 45 nuove centrali; è previsto inoltre l'ampliamento dei metanodotti e la costruzione di nuovi rigassificatori.

La produzione di energia elettrica da centrali a gas, rispetto a quella prodotta dal termoelettrico è messa in evidenza nelle figure precedenti.

Centrali a derivati del petrolio

Esamineremo un po' più a fondo la parte sul petrolio vista l'importanza che ha avuto e che ha tutt'ora sulla vita di ognuno di noi.

Cosa è il petrolio

Il petrolio (dal termine tardo latino petroleum, composto da petra "roccia", e oleum "olio", cioè "olio di roccia") è una miscela liquida di vari idrocarburi, in prevalenza alcani, che si trova in giacimenti negli strati superiori della crosta terrestre, ed è una fonte primaria energetica della modernità.

Chiamato anche oro nero, è un liquido viscoso, infiammabile, di colore che può variare dal nero, che è il più frequente, al verde scuro. È detto greggio il petrolio che viene estratto dai giacimenti, prima di subire qualsiasi trattamento per trasformarlo in prodotto lavorato.

Dal punto di vista chimico, il greggio è un'emulsione di idrocarburi (cioè composti chimici le cui molecole sono formate da idrogeno e carbonio) con acqua ed altre impurità.

È costituito principalmente da idrocarburi appartenenti alle classi degli alcani (lineari e ramificati), cicloalcani e in quantità minore idrocarburi aromatici. La percentuale di questi idrocarburi varia a seconda del giacimento petrolifero da cui viene estratto il petrolio: considerando una media a livello mondiale, un petrolio tipico contiene il 30% di paraffine, il 40% di nafteni, il 25% di idrocarburi aromatici, mentre il restante 5% è rappresentato da altre sostanze; nel caso di petroli ad elevato contenuto di alcani si parla di "petroli paraffinici", mentre i petroli ad elevato contenuto di cicloalcani vengono detti "petroli naftenici". I petroli paraffinici sono più abbondanti nelle zone più profonde del sottosuolo, mentre i petroli naftenici sono più abbondanti nelle zone più vicine alla superficie.

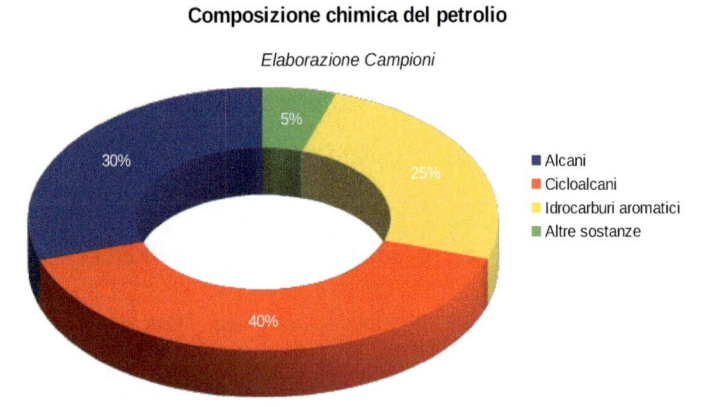

Composizione chimica del petrolio
Elaborazione Campioni

- Alcani
- Cicloalcani
- Idrocarburi aromatici
- Altre sostanze

Sono presenti inoltre composti solforati (solfuri e disolfuri), azotati (chinoline) e ossigenati (acidi naftenici, terpeni e fenoli), in percentuale variabile anche se la loro percentuale in massa, complessivamente, difficilmente supera il 7%. In percentuale il petrolio è composto all'85% circa da carbonio, 13% circa da idrogeno e per il restante 2% circa da altri elementi. (wikipedia).

Gli alcani, i cicloalcani e gli idrocarburi aromatici sono elementi formati da idrogeno e carbonio.

Il petrolio è il risultato della trasformazione di materiale biologico in decomposizione, costituito da organismi unicellulari marini vegetali e animali (fitoplancton e zooplancton) rimasti sepolti nel sottosuolo centinaia di milioni di anni fa, in particolare durante il paleozoico, quando tale materia organica era abbondante nei mari.

In un primo stadio, tale materia organica viene trasformata in cherogene attraverso una serie di processi biologici e chimici; in particolare la decomposizione della materia organica ad opera di batteri anaerobi (cioè che operano in assenza di ossigeno) porta alla produzione di ingenti quantità di metano.

Successivamente, a causa della continua crescita dei sedimenti, si ha un innalzamento della temperatura (fino a 65-150 °C) che porta allo sviluppo di processi chimici di degradazione termica e cracking, che trasformano il cherogene in petrolio. Tale processo di trasformazione del cherogene in petrolio avviene alla sua massima velocità quando il deposito ha raggiunto profondità intorno a 2000-2900 metri. (wikipedia).

Vista la complessità della miscela, le varie sostanze che si estraggono dal petrolio sono ottenute per raffinazione.

Per vita media residua si intende la stima della durata delle riserve ai ritmi di estrazione dell'anno 2013.

Nella tabella sottostante viene riportata la riserva mondiale di petrolio con i rispettivi paesi produttori. L'Italia è al 46 posto con una riserva di 1.400 milioni di barili, pari a circa lo 0,1% sul totale.

N°	Paese	Milioni di barili (bbl)	% sul totale	Vita media residua (Anni)
1	Venezuela	296.500	17,9%	ND
2	Arabia Saudita	265.500	16,1%	61,8
3	Canada	175.200	10,6%	ND
4	Iran	151.200	9,1%	93,1
5	Iraq	143.100	9,1%	ND
6	Kuwait	101.500	6,1%	94,6
7	Emirati Arabi Uniti	97.800	5,9%	78,7
8	Russia	88.200	5,3%	21,5
9	Libia	47.100	2,9%	ND
10	Nigeria	37.200	2,3%	39,0
11	Stati Uniti	30.900	1,9%	9,5
12	Kazakistan	30.000	1,8%	42,2
13	Qatar	24.700	1,5%	34,8
14	Brasile	15.100	0,9%	14,6
15	Cina	14.700	0,9%	7,5
16	Angola	13.500	0,8%	18,6
17	Algeria	12.200	0,7%	16,7
18	Messico	11.400	0,7%	8,1
19	Azerbaigian	7.000	0,4%	18,9
20	Norvegia	6.900	0,4%	6,4

Resto del mondo	81.200	6,1%	*
Totale	**1.652.600**	**100%**	**51,8**
46 Italia	*1.400*	*0,1%*	*31,9*

Nota. La produzione varia di continuo in relazione anche alla situazione politica mondiale, così come le stime delle riserve.

I primi 10 produttori di petrolio del 2020 (fonte EIA)

1. Stati Uniti: 19,51 milioni di barili al giorno
2. Arabia Saudita: 11,81 milioni di barili al giorno
3. Russia: 11,49 milioni di barili al giorno
4. Canada: 5,50 milioni di barili al giorno
5. Cina: 4,89 milioni di barili al giorno
6. Iraq: 4,74 milioni di barili al giorno
7. Emirati Arabi Uniti (UAE): 4,01 milioni di barili al giorno
8. Brasile: 3,67 milioni di barili al giorno
9. Iran: 3,19 milioni di barili al giorno
10. Kuwait: 2,94 milioni di barili al giorno

Un barile di petrolio equivale a circa 159 litri.

EIA è la *United States Energy Information Administration* (**EIA**) (letteralmente in italiano: *Amministrazione di Informazione Energetica degli Stati Uniti*), l'agenzia di statistica e analisi del Dipartimento dell'energia degli Stati Uniti d'America. L'EIA raccoglie, analizza e diffonde informazioni sull'energia per promuovere la formulazione di politiche razionali, mercati efficienti e la comprensione pubblica dell'energia e della sua interazione con l'economia e l'ambiente.

I 10 paesi maggiori produttori di petrolio

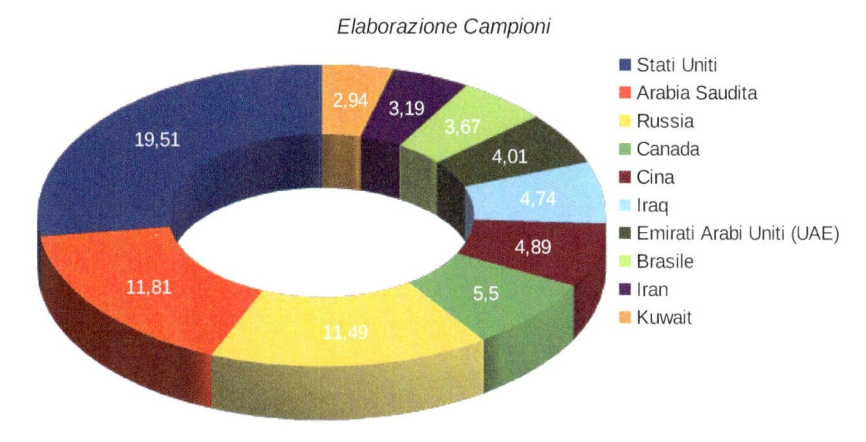

Elaborazione Campioni

Paese	%
Stati Uniti	19,51
Arabia Saudita	11,81
Russia	11,49
Canada	5,5
Cina	4,89
Iraq	4,74
Emirati Arabi Uniti (UAE)	4,01
Brasile	3,67
Iran	3,19
Kuwait	2,94

Metodi di estrazione del petrolio

Il petrolio è prelevato tramite l'utilizzo di *pozzi petroliferi*, con fori di grandezze opportune e profondità diverse, che viene praticato nella superficie terrestre o in fondo al mare; tramite una pompa lo si estrae dai giacimenti individuati.

Le fasi principali d'estrazione sono:

1. individuazione della zona in cui si è individuato o si presume che vi sia un giacimento di petrolio.

2. Perforazione con un foro del diametro necessario per l'inserzione di un'eventuale pompa per l'estrazione dello stesso. La perforazione ha una profondità di alcuni chilometri, variando a seconda del giacimento. L'inserzione di idonee tubature necessaria a fungere da condotto per il petrolio. Se il giacimento ha un'idonea pressione non è necessario l'uso della pompa perché tende naturalmente a risalire in superficie.

3. Il petrolio che risale in superficie viene immesso in appositi oleodotti che lo porteranno alla strutture nelle quali avviene la raffinazione, con il prelievo dei vari componenti desiderati. Visti gli alti costi di estrazione si tende a prelevare tutto il petrolio presente nel giacimento.

Questo metodo presenta rischi per l'ambiente perché lo svuotamento di una zona che prima conteneva il petrolio rischia di creare movimenti o cedimento del terreno, con gravi pericoli per chi vive nelle vicinanze.

Altri rischi derivano poi dalla fuoriuscita del petrolio, causata da guasti tecnici, terrorismo, guerra ecc.

Come detto questo metodo si applica anche a piattaforme di mare, dove l'eventuale fuoriuscita di liquido porta conseguenze anche peggiori.

Un elemento di forte inquinamento è rappresentato dal trasporto dello stesso tramite navi, con conseguenze disastrose, in caso di naufragio, per l'inquinamento di tratti di mare e di spiagge.

Fracking

Un metodo alternativo di estrazione consiste nel *fracking* (letteralmente fratturazione [idraulica]), che a parere dello scrivente è più pericoloso del precedente; esso consiste di una particolare tecnica estrattiva di petrolio e gas naturale utilizzata per la prima volta in America nel 1947 dalla compagnia Halliburton; questa tecnologia è stata in seguito perfezionata in Texas.

In pratica si inietta un liquido in pressione nelle fratture delle rocce profonde; queste fratture possono essere naturali o possono essere prodotte dall'uomo; insieme al liquido vengono pompati sabbia ed agenti chimici.

Questo metodo consente più rapidamente di recuperare gas naturale (e petrolio) ed in modo completo; le fratture aperte vengono mantenute grazie alle materie immesse.

Si hanno tre fasi.

1. **Trivellazione.** Il pozzo viene perforato orizzontalmente ad una profondità di circa 3.000 metri. Il canale così creato viene rivestito con un tubo di cemento all'interno del quale vengono fatte saltare delle piccole cariche esplosive. In

questo modo, si creano dei fori che lasceranno poi passare i liquidi e le sostanze chimiche nel terreno.

2. **Pompaggio.** Completato il pozzo, vengono pompati nel terreno fino a 16.000 litri al minuto di liquidi sotto pressione, addizionati da agenti chimici e sabbia. L'immissione dei liquidi crea delle "spaccature" nelle rocce liberando così i gas che risalgono rapidamente attraverso tubo.

3. **Raccolta.** Una volta fuoriuscito, il gas viene immagazzinato nei gasdotti e avviato alla raffinazione. (*da Tuttogreen*)

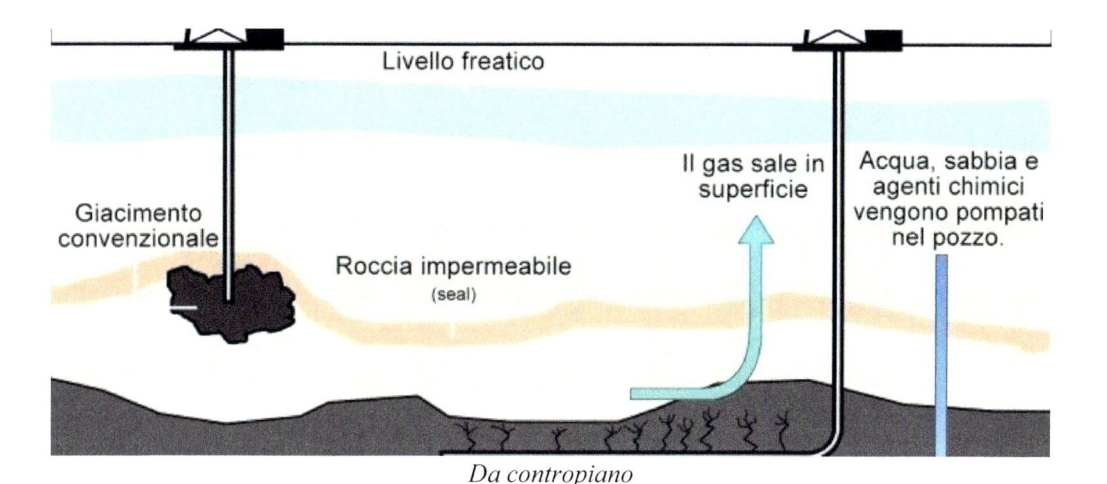

Da contropiano

L'impiego attuale è riservato all'estrazione del gas naturale e del petrolio ed è una tecnica che ha permesso agli USA di diventare leader in questo settore, aumentare enormemente le sue riserve ed estrazioni di queste materie e venditore delle stesse.

Nell'immagine che segue vengono forniti alcuni dati relativi all'utilizzo del fracking e i principali rischi ambientali.

FRACKING

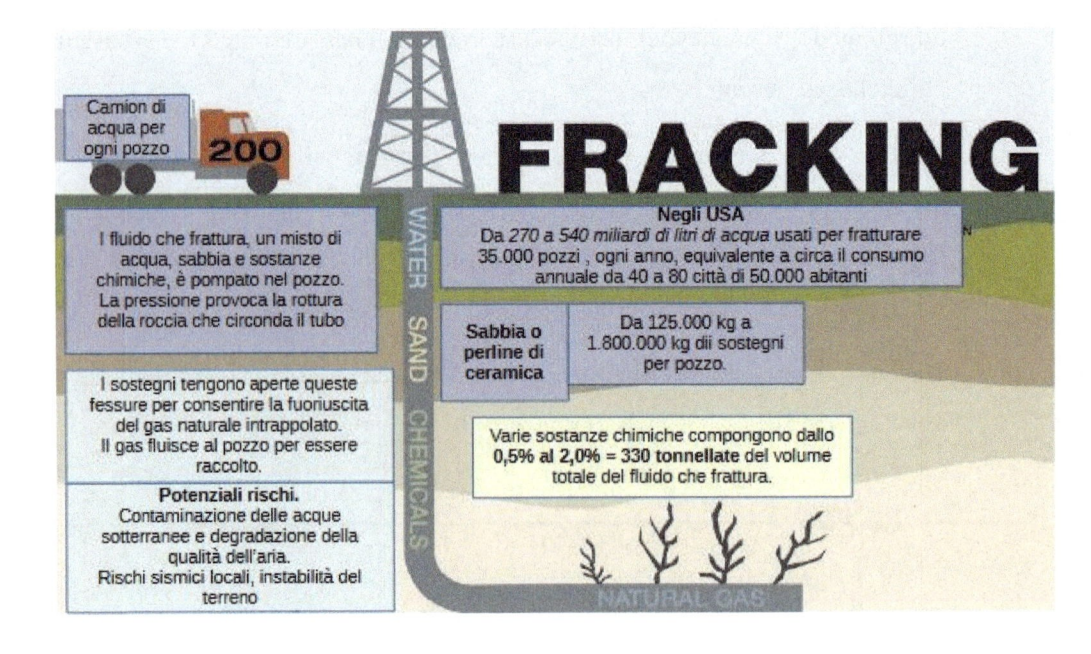

Camion di acqua per ogni pozzo 200

I fluido che frattura, un misto di acqua, sabbia e sostanze chimiche, è pompato nel pozzo. La pressione provoca la rottura della roccia che circonda il tubo

I sostegni tengono aperte queste fessure per consentire la fuoriuscita del gas naturale intrappolato. Il gas fluisce al pozzo per essere raccolto.

Potenziali rischi.
Contaminazione delle acque sotterranee e degradazione della qualità dell'aria. Rischi sismici locali, instabilità del terreno

Negli USA
Da 270 a 540 miliardi di litri di acqua usati per fratturare 35.000 pozzi, ogni anno, equivalente a circa il consumo annuale da 40 a 80 città di 50.000 abitanti

Sabbia o perline di ceramica — Da 125.000 kg a 1.800.000 kg di sostegni per pozzo.

Varie sostanze chimiche compongono dallo **0,5% al 2,0% = 330 tonnellate** del volume totale del fluido che frattura.

WATER — SAND — CHEMICALS — NATURAL GAS

Raffinazione del petrolio

In modo sintetico il *processo di raffinazione* può essere suddiviso in tre fasi principali:

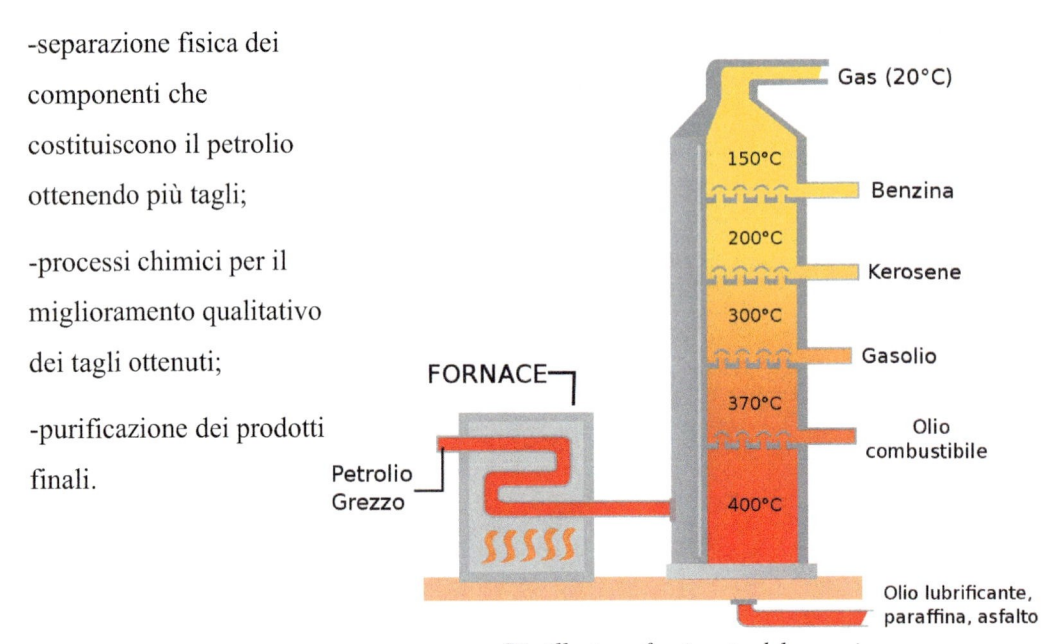

- separazione fisica dei componenti che costituiscono il petrolio ottenendo più tagli;

- processi chimici per il miglioramento qualitativo dei tagli ottenuti;

- purificazione dei prodotti finali.

Distillazione frazionata del greggio

In definitiva i principali prodotti che derivano dal petrolio sono:

- plastiche.
- Benzina.
- Gasolio .
- Cherosene.
- Gas petrolio liquefatto (GPL).
- Oli combustibili.
- Oli lubrificanti.
- Asfalto.
- Catrame.
- Paraffina

La gamma è molto ampia e da qui deriva l'importanza che il petrolio riveste.

Esaminiamo alcuni di questi prodotti che rivestono una grande importanza nella nostra società.

Le plastiche

La **IUPAC** (Unione internazionale di chimica pura e applicata) definisce le materie plastiche come *materiali polimerici che possono contenere altre sostanze finalizzate a migliorarne le proprietà o ridurre i costi*.

Raccomanda l'utilizzo del termine *polimeri* al posto di quello generico di plastiche.

Sono materiali organici costituiti da molecole con una catena molto lunga (*macromolecole*), che determinano le caratteristiche dei materiali stessi.

Possono essere costituite da polimeri puri o miscelati con additivi o cariche varie. I polimeri più comuni sono prodotti a partire da sostanze derivate dal petrolio, ma vi sono anche materie plastiche sviluppate partendo da altre fonti.

Classificazione delle plastiche

I materiali polimerici puri si suddividono in:

- **termoplastici**: acquistano malleabilità, cioè rammolliscono, sotto l'azione del calore; possono essere modellati o formati in oggetti finiti e quindi per raffreddamento tornano ad essere rigidi; tale processo può essere ripetuto tante volte;
- **termoindurenti**: dopo una fase iniziale di rammollimento per riscaldamento, in

cui sono formabili, induriscono per effetto della reticolazione; se vengono riscaldati dopo l'indurimento non tornano più a rammollire, ma si decompongono carbonizzandosi;

- **elastomeri**: presentano elevata deformabilità ed elasticità, simili al caucciù.

Vantaggi

Le caratteristiche vantaggiose delle materie plastiche, rispetto ai materiali metallici e non metallici, sono la grande facilità di lavorazione, l'economicità, la colorabilità, l'isolamento acustico, termico, elettrico, meccanico (vibrazioni), la resistenza alla corrosione e l'inerzia chimica, nonché l'idrorepellenza e l'inattaccabilità da parte di muffe, funghi e batteri.

Altra peculiarità è la bassa densità -che conferisce un'elevata leggerezza- compresa fra un minimo di $0,04 \div 1$ kg/dm^3 per il polistirolo a un massimo di 2,2 kg/dm^3 del politetrafluoruetilene (PTFE), con una resistenza fisica molto eterogenea a seconda del tipo di plastica.

Svantaggi

- Grandi danni ambientali dovuti al loro smaltimento di cui parleremo più avanti.
- Attaccabilità da parte dei solventi (soprattutto le termoplastiche) e degli acidi (in particolare le termoindurenti) e scarsa resistenza a temperature elevate.

Alla base polimerica vengono aggiunte svariate sostanze ausiliarie ("cariche", additivi e plastificanti) in funzione dell'applicazione cui la materia plastica è destinata. Tali sostanze possono essere plastificanti, coloranti, antiossidanti, lubrificanti ed altri componenti speciali.

Queste sostanze hanno quindi la funzione (tra le altre) di stabilizzare, preservare, fluidificare, colorare, decolorare, proteggere dall'ossidazione il polimero, e in genere modificarne la lavorabilità, aspetto e resistenza in funzione dell'applicazione che se ne intende fare.

Non entriamo nell'analisi di ogni singolo materiale plastico e sul loro uso perché tale analisi va oltre lo scopo del libro; analizziamo invece la produzione mondiale di plastiche e il relativo impatto.

Produzione di plastiche

La *produzione mondiale* di plastica è passata dai 15 milioni di tonnellate del 1964 agli oltre **310 milioni attuali**. *Altre fonti parlano di oltre 460 milioni di tonnellate.*

Ogni anno almeno **8 milioni di tonnellate di plastica** finiscono negli **oceani del mondo** e, ad oggi, si stima che vi siano più di 150 milioni di tonnellate di plastica negli oceani. Se non si dovesse agire per invertire la tendenza, proseguendo con le tendenze attuali gli oceani potranno avere nel 2025 una proporzione di una tonnellate di plastica per ogni 3 tonnellate di pesce mentre nel 2050 avremo, in peso, negli oceani del mondo più plastica che pesci . (*World Economic Forum*).

La plastica si trova ormai ovunque: se ne sono trovate tracce nei ghiacci, nelle grandi fosse marine, *fino a 10 km di profondità* (fossa delle Marianne) e non è un caso che gli scienziati che stanno studiando l'individuazione di un nuovo periodo geologico della storia della Terra, definito appunto Antropocene (qualcuno lo ha definito invece Capitalocene), stanno analizzando la plastica come un "tecno fossile", capace di essere presente nelle stratificazioni geologiche, mentre nelle isole Hawaii sono state individuate rocce definite plastiglomerato, perché la plastica è presente e inserita nel loro interno. (*WWF*)

Utilizzo in Italia

L'Italia è il maggior produttore di manufatti in plastica dell'area mediterranea.

Ha la maggiore lunghezza delle coste in area mediterranea con conseguente maggior inquinamento delle coste da plastica e produce **8 milioni di tonnellate di plastica all'anno**, con un aumento del 7 % dal 2012 al 2017. (*l'ExtraTerrestre*)

Nell'immagine che segue viene mostrato quanta plastica viene prodotta in Italia e quanta e come viene smaltita.

Si noti come, nonostante un forte miglioramento nella Raccolta Differenziata (RD) il quantitativo destinato al riciclo sia ridotto.

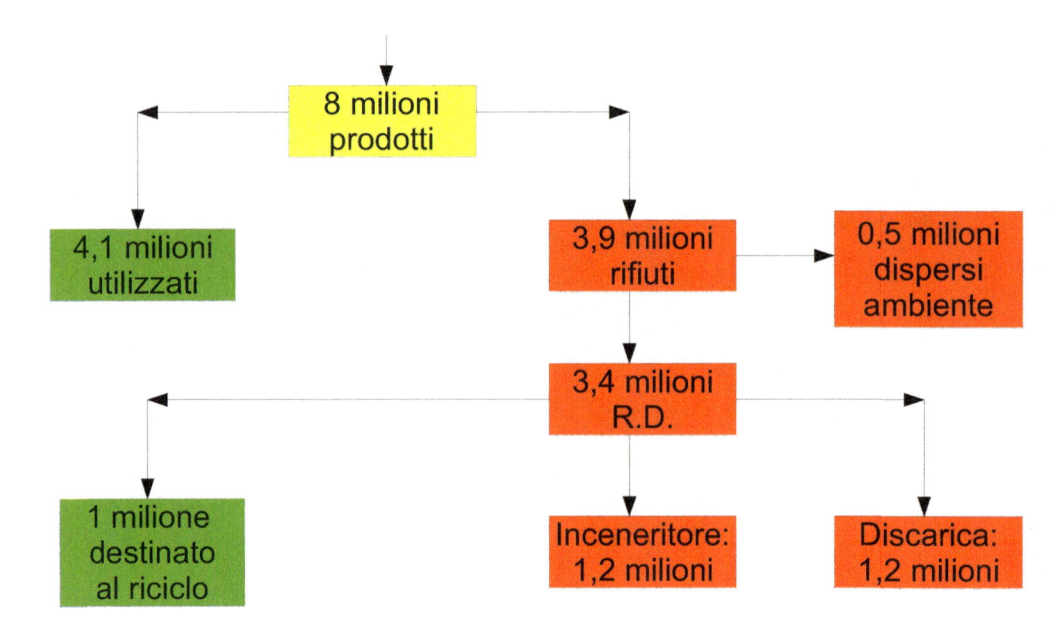

```
                    ┌─────────────┐
                    │ 8 milioni   │
                    │ prodotti    │
                    └─────────────┘
         ┌──────────────┬──────────────┐
         ▼              ▼              ▼
   ┌───────────┐  ┌───────────┐  ┌───────────┐
   │ 4,1 milioni│  │ 3,9 milioni│  │ 0,5 milioni│
   │ utilizzati │  │ rifiuti    │  │ dispersi   │
   │            │  │            │  │ ambiente   │
   └───────────┘  └───────────┘  └───────────┘
                        │
                        ▼
                  ┌───────────┐
                  │ 3,4 milioni│
                  │   R.D.    │
                  └───────────┘
         ┌──────────────┼──────────────┐
         ▼              ▼              ▼
   ┌───────────┐  ┌───────────┐  ┌───────────┐
   │ 1 milione │  │Inceneritore│  │ Discarica:│
   │ destinato │  │ 1,2 milioni│  │1,2 milioni│
   │ al riciclo│  │            │  │           │
   └───────────┘  └───────────┘  └───────────┘
```

La produzione della plastica prevede un consumo di energia pari a 104 milioni di barili di petrolio, con un emissione di 1÷2 miliardi di tonnellate di CO2.

L'42 % dei manufatti plastici provengono dall'industria degli imballaggi, con vita breve e determinano l'80 % dei rifiuti plastici.

I settori costruzione e trasporti necessitano il 21 % della produzione e danno solo 2 % dei rifiuti.

NOTA. La CO2 equivalente (CO2e) è una misura che esprime l'impatto sul riscaldamento globale di una certa quantità di gas serra rispetto alla stessa quantità di anidride carbonica (CO2). In particolare, si può parlare di "grammi di CO_2 equivalenti", "chilogrammi di CO_2 equivalenti", "tonnellate di CO_2 equivalenti", e così via, riferendosi rispettivamente a un grammo, un chilogrammo oppure a una tonnellata di sostanza. Viene utilizzata per potere confrontare e sommare insieme i contributi di diversi gas serra, in particolare per stimare l'impronta di carbonio associata ad un'attività umana.

▶ Calcolo della CO₂ equivalente

L'elemento di riferimento è naturalmente la **CO₂**. Si usano due indicatori:

1. Il Global Warming Potential (**GWP**), Potenziale di Riscaldamento Globale.
2. Il Carbon Dioxide Equivalency (**CDE**), la **CO₂e** (equivalente).

Esaminiamo il primo

GWP è il rapporto tra l'impatto causato da un gas in un determinato lasso di tempo, rispetto a quello provocato nello stesso periodo dalla stessa quantità di biossido di carbonio (CO2).

In formula $$GWP = \frac{Impatto\, della\, sostanza\,(x)}{Impatto\, CO_2}$$

Se il gas è un miscuglio di sostanze si ha $GWP = \sum GWP_x q_x$

Per il calcolo di GWP si possono utilizzare tre periodi di tempo:

-20 anni   → GWP20

-100 anni   → GWP100

-500 anni   → GWP500

Ovviamente, quanto più è alto il valore di GWP più grande è l'impatto del gas in esame sul effetto serra e quindi sul riscaldamento globale; se l'indice è minore di 1 il gas ha un impatto minore dell'anidride carbonica, se maggiore di 1 un impatto maggiore, tante volte quanto è numericamente l'indice.

Esempi di GWP

SOSTANZA	GWP100
CO₂	1
CH4 (metano)	28
N₂O (protossido di azoto)	265
CFC-11 (clorofluorocarburo)	4600
CFC-12	10200
CFC-13	13900
HCFC-21 (idroclorofluorocarburo=freon)	148
HFC-14	12400
HFE134 (idrofluoroetere)	5560

Esempio numerico

Un gas è composto per il 55% di etere dimetilico, per il 30% di isobutano e per il 15% di HFC-152a.

SOSTANZA	% sul totale
Etere dimetilico	55
isobutano	30
HCF-152a	15

SOSTANZA	GWP
Etere dimetilico	1
isobutano	3
HCF-152a	124

$GWP = 0{,}55 \times 1 + 0{,}30 \times 3 + 0{,}15 \times 124 = 20{,}05$

Esaminiamo il secondo indice

CO_2e

La conseguenza del rilascio di un gas sull'effetto serra viene misurata tramite la quantità di tonnellate equivalenti di **CO_2e** necessarie per causare lo stesso impatto.

Generalmente il **CO_2e** si misura in una scala di tonnellate, di kg o di g di CO2 equivalenti.

In formula $CO_{2e} = massa(x) \cdot GWP_x$

Esempio numerico

Abbiamo visto che il metano ha un GWP =28. Se si rilasciano 50 tonnellate di metano, il suo

CO_2e= 50x 28=1.400 tonnellate.

◀

L'immagine seguente mostra l'andamento delle emissioni in Italia di alcuni gas serra dal 1990 al 2019. *Il settore LULUCF (uso del suolo, cambiamenti di uso del suolo e silvicoltura), comprendente l'uso di terreni, alberi, piante, biomassa e legname, presenta* una caratteristica particolare: non solo emette gas a effetto serra ma è anche in grado di assorbire CO_2 dall'atmosfera.

Per produrre un kg di plastica si emettono circa 6 kg di *CO2e*.

Nella tabella che segue viene messa in evidenza la filiera del gas naturale e del carbone con le relative emissioni di CO_2e.

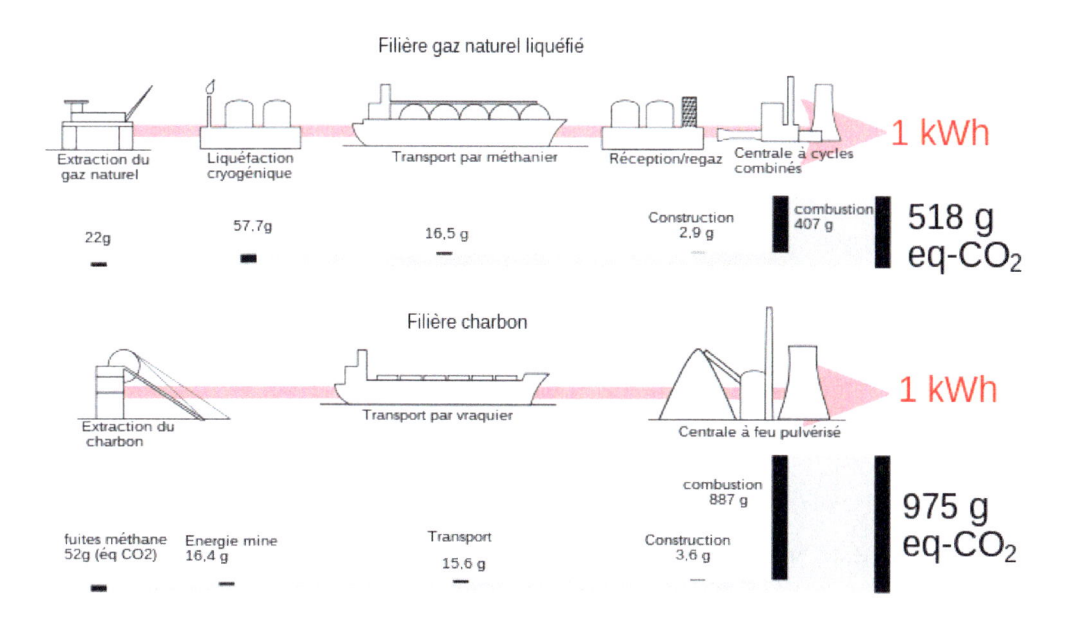

Un problema grande che deriva dalla produzione e uso delle plastiche è quelle delle

microplastiche che qui non possiamo affrontare, microplastiche che sono ormai entrate nel ciclo alimentare di molti esseri viventi, compreso l'uomo, con loro presenza nel sangue e nel liquido seminale umani.

Dei derivati del petrolio prederemo in considerazione benzine, gasolio, cherosene, gas petrolio liquefatto (GPL), oli combustibili e li analizzeremo solo dal punto di vista energetico.

Viene riportato il potere calorifico di alcuni combustibili per confrontarli con i derivati del petrolio.

Combustibile	Potere calorifico inferiore [MJ/kg]	Potere calorifico inferiore [kWh/kg]	Densitá [kg/litro]	Potere calorifico inferiore [kWh/litro]
Gasolio	44,4	12,33	0,84	10,3
Benzina	43,6	12,11	0,68	8,24
GPL	46,1	12,81	0,52	6,66
Metano	52	14,44	0,66	9,48
Carbone (coke)	29,6	8,22	2	16,44
Carbone di legna	31,5	8,75	0,4	3,5
Legna secca	17	4,72	0,8	3,78
Idrogeno	130	36,11	0,09	3,25
Zucchero	17	4,72	1,6	7,56
Burro di arachidi	24,6	6,83	00.08.00	0,04
Olio di semi	37	10,28	0,92	9,46
Burro	**30**	**8,33**	**0,92**	**7,67**

I motori a combustione interna (anche detti motori a scoppio) sono una macchina che converte l'energia termica in un lavoro; l'energia termica (o calore) deriva dalla conversione dell'energia chimica che si converte bruciando un combustibile e presuppone cicli di funzionamento e caratteristiche delle macchine diversi.

Già abbiamo chiarito come il *II principio della termodinamica* sia fondamentale nello studio di queste macchine, perché l'energia termica è l'unica che non può essere totalmente convertita in lavoro; c'è necessità di approfondire il problema.

▶ Per incendiare un elemento sono necessari tre fattori:

1. un combustibile.
2. Un comburente (tipicamente l'ossigeno).
3. Una fonte di calore.

Questa situazione è bel descritta dal *triangolo del fuoco*.

Quindi il motore preleva aria dall'esterno, utilizza un combustibile del tipo prima elencato e innesca la miscela tramite una scintilla (derivante ad esempio dalle candele); lo scoppio che si produce mette in movimento un pistone e poi si converte il movimento in una rotazione che alla fine fa muovere la macchina.

I motori termici sono soggetti al II principio della termodinamica che ne limita il rendimento e impedisce quindi la completa conversione dell'energia termica in lavoro.

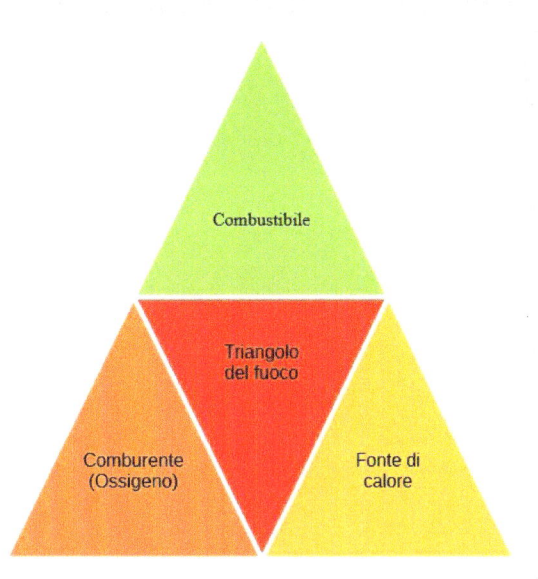

Elaborazione Campioni

Il ciclo di Carnot rappresenta il ciclo *ideale* massimo che una macchina termica può avere agendo tra due temperature; vedi la spiegazione di approfondimento dell'energia termica e il relativo schema.

Chiamata T_1 la temperatura della sorgente calda, da cui si preleva calore e T_2 la temperatura della sorgente fredda, a cui si cede una parte del calore, si ha che il rendimento η_{max} (eta) di una macchina che funziona su un ciclo ideale di Carnot è $\eta \leq \eta_{max} = 1 - \dfrac{T_2}{T_1}$ con T_1 e T_2 temperature assolute.

Facciamo un *esempio numerico*

Supponiamo che la temperatura T_1 all'interno della camera di combustione sia di 2.000 °C e che la temperatura T_2 dei gas di scarico sia di 400 °C; T_1=2.000+273=2.273 K e T_2=400+273=673 K .

Il rendimento del motore che lavora sul ciclo *ideale* è

$\eta_{max} = 1 - \dfrac{673}{2273} = 0{,}70 \rightarrow 70\%$ La macchina termica reale ha al massimo questo rendimento teorico, in genere assai minore a causa delle perdite e degli attriti, salvo motori con particolari recuperi di energia; si mantiene al di sotto del 50% (ad esempio 36%), causa il ciclo reale e le perdite globali reali.

Significa che il 64% dell'energia termica non è utile ai fini della produzione del lavoro.

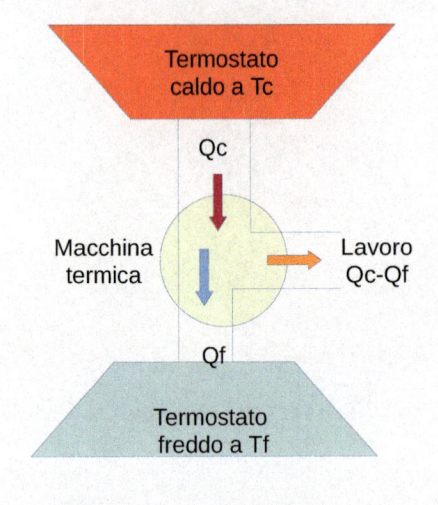

Macchina termica idealizzata 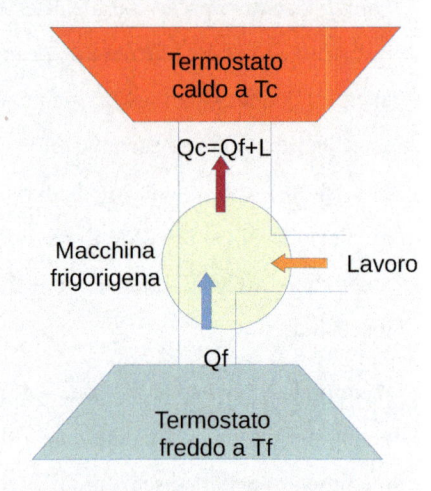   Macchina frigorigena idealizzata

Una macchina frigorifera ha il compito di sottrarre calore Q_f ad una sorgente fredda (ad esempio la zona dov'è il cibo) per trasferire tale calore Q_c ad una sorgente calda (il condensatore esterno dietro il frigorifero), tramite il *lavoro* svolto da una macchina, tipicamente un compressore.

$\eta_{fmax} = \dfrac{Q_f}{L}$ e può assumere valori maggiori di 1 → 100%.

Una pompa di calore può essere usata come refrigeratore e quindi funziona come sopra o come elemento riscaldante utilizzando Q_c da cui

$\eta_{cmax} = \dfrac{Q_c}{L} = \dfrac{Q_f + L}{L} = Q_f + 1 = \dfrac{T_1}{T_2 - T_1} > 1$ sempre.

Le pompe di calore possono essere: aria-aria, aria-acqua, acqua aria, acqua-acqua, a seconda del fluido utilizzato; ad esempio una aria-aria significa che essa preleva calore dall'aria di un ambiente esterno e immette calore nell'aria di un ambiente interno.

Tale pompa di calore può avere un COP= 4, che significa ad esempio che, assorbendo una potenza di 1 kW, fornisce una potenza di 4 kW.

Oltre a questo grande vantaggio le pompe di calore possono essere alimentate elettricamente e possono invertire il ciclo raffrescando l'ambiente, cioè svolgendo la doppia funzione di riscaldamento e raffrescamento.

Lo svantaggio è che il loro COP varia in funzione delle temperature delle due sorgenti: la migliore condizione si ha quando la temperatura Tc è mantenuta relativamente bassa, usando ventilconvettori o meglio il riscaldamento a pavimento (Tc intorno 40 °C); inoltre se Tf esterna si abbassa troppo il condensatore (esterno) può brinare e la pompa di calore inverte il ciclo (o si blocca, dipendendo dal costruttore) e comincia a sottrarre calore all'ambiente interno. Può anche usare una resistenza elettrica idonea allo scopo. ◄

Nella figura che segue è rappresentata, in percentuale sul totale, la quantità di energia *prodotta* in Europa; un contributo notevole al nucleare è dato dalla Francia.

Si noti anche il contributo del 40 % delle energie rinnovabili ed il peso rilevante del carbone. La fonte è Eurostat e il dato è relativo al *2020*.

L'energia prodotta internamente all'Eurozona è del 42% del totale;

il 58 % è importato.

Sotto si mostra l'importazione che l'UE effettua dalla Russia, relativamente al petrolio, gas e carbone, sempre relativamente all'anno 2020, prima dello scoppio della guerra in Ucraina e delle sanzioni imposte alla Russia.

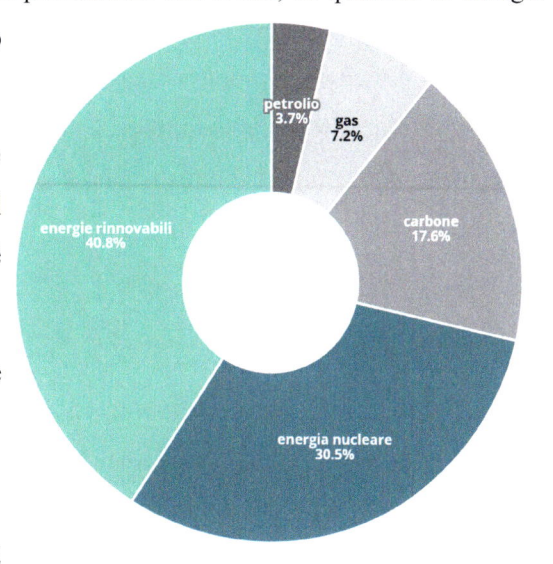

■ Russia ■ altro

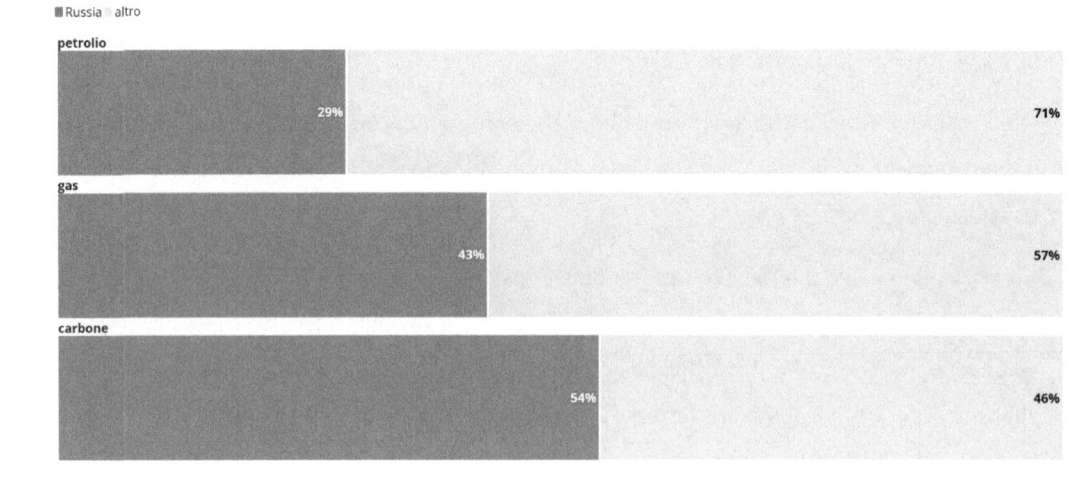

petrolio: 29% | 71%

gas: 43% | 57%

carbone: 54% | 46%

Cosa importiamo? (2020)

Per il proprio autoconsumo, l'UE necessita anche di energia importata da paesi terzi. Nel 2020 il principale prodotto energetico importato è costituito da prodotti petroliferi (compreso il petrolio greggio, che è la componente principale), che rappresentano quasi i due terzi delle importazioni di energia nell'UE, seguiti dal gas naturale (27 %) e dai combustibili fossili solidi (5 %).

La Russia è stato il principale fornitore dell'UE di petrolio greggio, gas naturale e combustibili fossili solidi

Nel 2020 quasi tre quarti delle importazioni di greggio extra UE provenivano da Russia (29 %), Stati Uniti (9 %), Norvegia (8 %), Arabia Saudita e Regno Unito (entrambi 7 %) oltre che Kazakistan e Nigeria (entrambi 6 %). Un'analisi simile mostra che oltre i tre quarti delle importazioni di gas naturale dell'UE provenivano dalla Russia (43 %), dalla Norvegia (21 %), dall'Algeria (8 %) e dal Qatar (5 %), mentre più della metà dei combustibili fossili solidi (principalmente carbone) provenivano dalla Russia (54 %), seguita dagli Stati Uniti (16 %) e dall'Australia (14 %).

L'energia totale (prodotta+importata) fornita da Eurostat (sito in inglese) sempre relativa al 2020 risulta:

Energy mix for the European Union

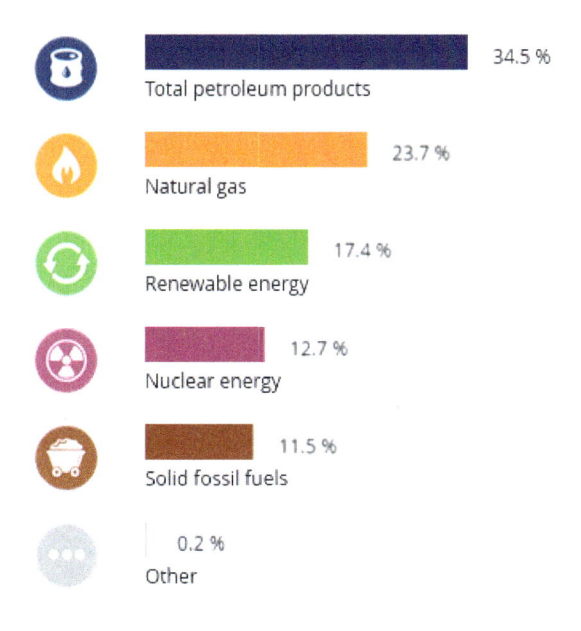

- Total petroleum products — 34.5 %
- Natural gas — 23.7 %
- Renewable energy — 17.4 %
- Nuclear energy — 12.7 %
- Solid fossil fuels — 11.5 %
- Other — 0.2 %

Veniamo all'Italia

Il consumo di energia in Italia è mostrato nella figura che segue.

Si noti come circa la metà dei consumi è riferita al gas naturale; le energie rinnovabili forniscono circa un quarto del totale.

Il carbone ha solo un 5%, mentre i derivati del petrolio rappresentano circa un quinto del totale.

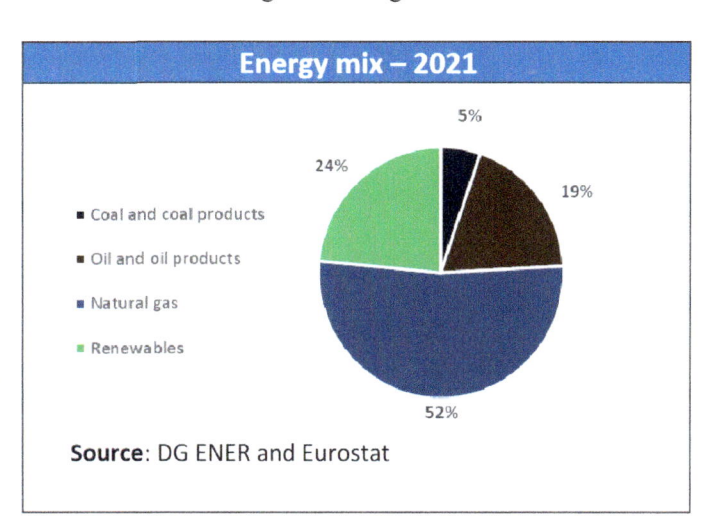

Energy mix – 2021

- Coal and coal products — 5%
- Oil and oil products — 19%
- Natural gas — 52%
- Renewables — 24%

Source: DG ENER and Eurostat

Sopra viene riportato il prezzo di mercato del gas e dell'energia elettrica, riferiti alla

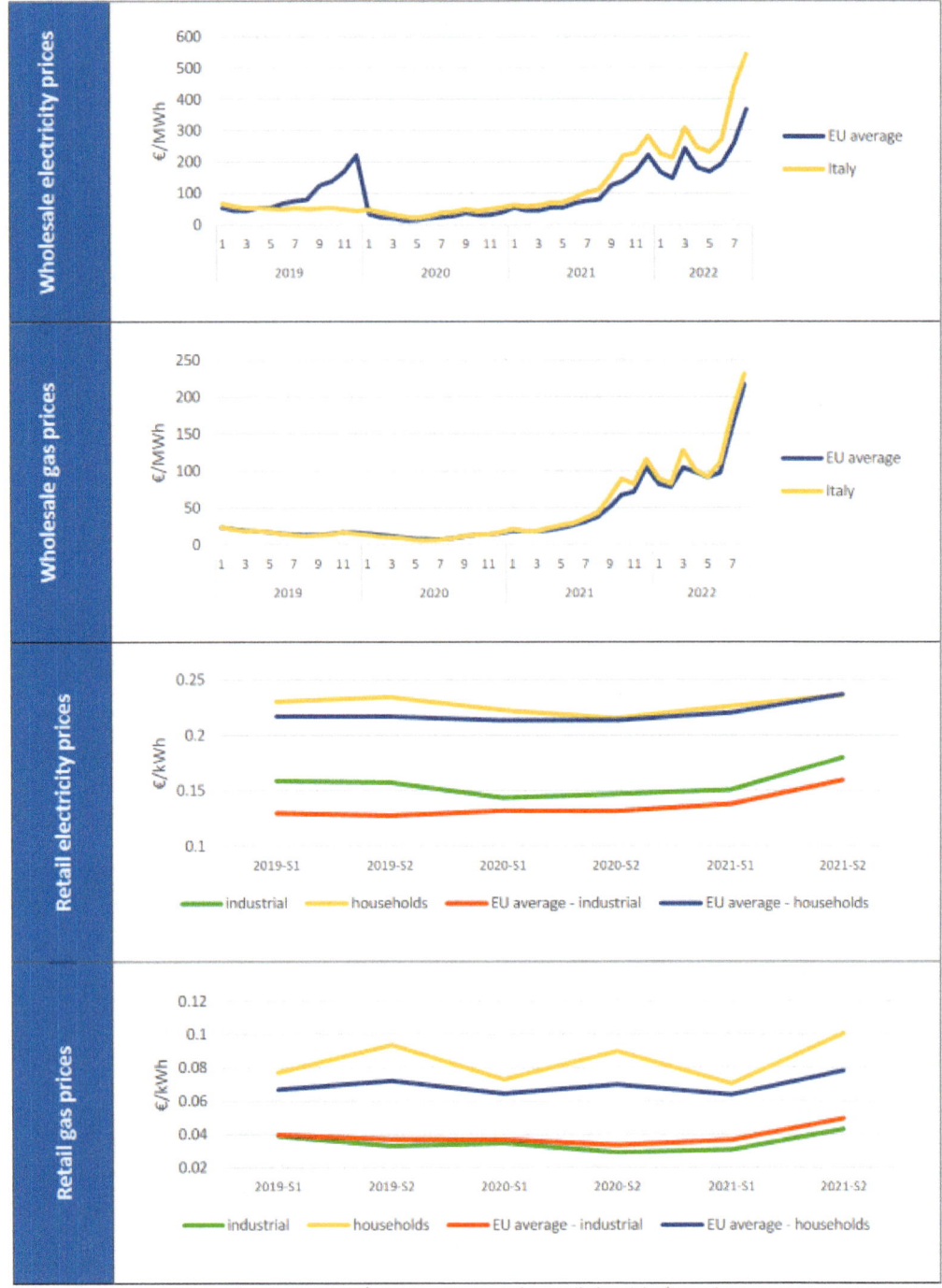

Source: Platts analysis for wholesale electricity/gas prices, Eurostat for retail electricity/gas prices

media UE e italiana, sia *all'ingrosso* che *al dettaglio*.

Energia elettrica

La produzione nazionale lorda italiana (2021) è stata pari a 289,1 TWh, registrando un +3,0% rispetto al 2020. In dettaglio la produzione nazionale è stata coperta per il 59,0% dalla produzione termoelettrica non rinnovabile (in aumento del 5,5% rispetto al 2020), per il 16,4% dalla produzione idroelettrica (-4,1% rispetto al 2020) e per il restante 24,6% dalle fonti eolica, geotermica, fotovoltaica e bioenergie (eolica +11,5%, fotovoltaica +0,4%, geotermica -1,9% e bioenergie -2,9% rispetto al 2020).

Nella figura sottostante è mostrata la produzione relativa alle centrali termoelettriche, divisa per combustibile utilizzato, per gli anni 2020 e 2021; il combustibile solido fornisce il 14% sul totale.

Produzione di energia termoelettrica in Italia e relativi consumi globali e specifici di combustibile

Secondo fonte energetica

Tabella 31

	Produzione di energia elettrica lorda GWh	netta GWh	Consumi di combustibili Globali in unità metriche	migliaia di tep	Specifici medi riferiti alla produzione lorda kJ/kWh(1)	netta kJ/kWh(1)
2020						
Solidi	13.379,5	11.552,7	5.274 migliaia di t	3.152	9.862	11.422
Gas naturale	133.682,8	130.440,1	24.689 milioni di mc	20.493	6.418	6.578
Gas derivati	1.696,6	1.612,8	2.527 milioni di mc	344	8.486	8.926
Petroliferi	3.174,9	2.984,1	549 migliaia di t	574	7.566	8.050
Altri combustibili (solidi)	20.606,4	19.270,1	15.884 migliaia di t	4.548	9.241	9.882
Altri combustibili (gassosi)	8.265,0	7.604,4	3.478 milioni di mc	1.613	8.173	8.883
Totale	180.805,1	173.464,2		30.723	7.114	7.416
Vapore endogeno	6.026,1	5.646,9				
Altre fonti di energia	501,5	425,8				
TOTALE	187.332,7	179.536,9				

▶ Il **tep** (*tonnellata equivalente di petrolio*) rappresenta la quantità di energia rilasciata dalla combustione di una tonnellata di petrolio grezzo e vale circa 42 GJ. Il valore è fissato convenzionalmente, dato che diverse varietà di petrolio posseggono diverso potere calorifico e le convenzioni attualmente in uso sono più di una.

L'IEA/OCSE definisce il tep come equivalente a 41,868 GJ[1] o 11630 kWh.

Altre organizzazioni adottano fattori di conversione simili, ma leggermente diversi per esempio il Ministero delle Attività Produttive con due diversi decreti ministeriali DM 20.07.2004, ha fissato il seguente fattore di conversione 1 tep = 41,860 GJ. ◄

Produzione di energia elettrica		Consumi di combustibili		Specifici medi riferiti alla produzione	
lorda GWh	netta GWh	in unità metriche	migliaia di tep	lorda kJ/kWh(1)	netta kJ/kWh(1)
2021					
14.021,9	12.523,0	5.590 migliaia di t	3.363	10.043	11.245
143.997,9	140.418,6	26.356 milioni di mc	21.906	6.369	6.532
1.946,9	1.846,1	3.624 milioni di mc	442	9.499	10.018
3.851,2	3.570,7	761 migliaia di t	772	8.392	9.052
17.129,7	15.840,8	14.632 migliaia di t	4.014	9.812	10.611
8.184,5	7.518,9	3.449 milioni di mc	1.595	8.161	8.883
189.132,2	181.718,1		32.093	7.104	7.394
5.913,8	5.535,5				
578,8	516,1				
195.624,9	187.769,6				

Si nota un aumento, riferito alla produzione netta, di 8.232,7 GW, pari al 4,7%.

Nella figura di lato viene mostrata la produzione di energia per fonte.

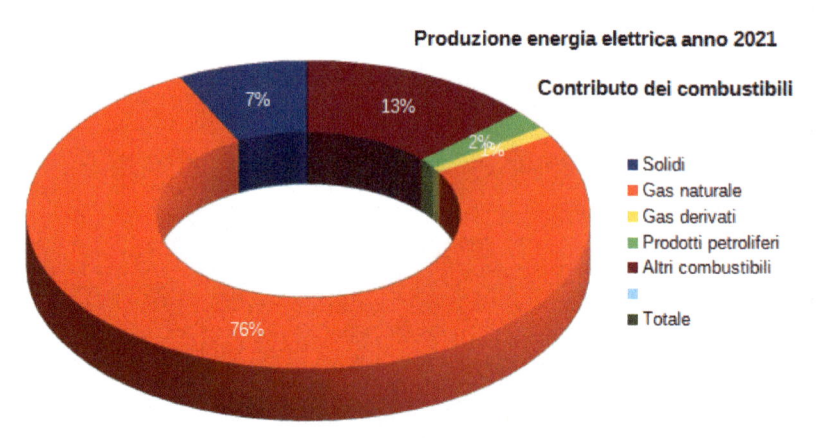

Produzione energia elettrica anno 2021
Contributo dei combustibili

- Solidi: 7%
- Gas naturale: 76%
- Gas derivati: 2%
- Prodotti petroliferi: 2%
- Altri combustibili: 13%
- Totale

Elaborazione Campioni

Centrali a ciclo combinato

Sono centrali che combinano due dei cicli già visti per aumentare il rendimento di produzione dell'energia elettrica; come principio, una cosa simile avviene nelle caldaie a condensazione nelle quali, oltre al normale scambiatore per la produzione di acqua calda per l'impianto di riscaldamento e acqua sanitaria, è presente un secondo scambiatore per il recupero del calore dai fumi di scarico.

Viene mostrato il principio di funzionamento di una centrale a *ciclo combinato* della ditta Edison, sfruttando un filmato che la stessa propone sul suo sito.

Nell'immagine che segue viene mostrato lo schema a blocchi del suo funzionamento: vengono utilizzati due cicli termodinamici, Brayton per la turbina a gas e Rankine per quella a vapore, in combinazione.

La turbina a gas produce elettricità che, tramite un trasformatore, viene immessa nella linea in Alta Tensione (A.T.) ; il vapore che risulta da tale turbina, che ha una temperatura ancora sfruttabile termodinamicamente, viene inviato alla turbina a vapore che genera ancora elettricità da immettere, tramite trasformatore, nella linea in A.T. .

Il vapore in uscita dalla turbina a vapore viene fatto condensare in acqua, con l'utilizzo di ventole che lo raffreddano, e recuperato per essere inviato al generatore di vapore per un nuovo ciclo. In alternativa si può utilizzare anche un raffreddatore ad acqua.

Questa combinazione permette di elevare il rendimento della centrale così da produrre più energia a parità di combustibile consumato; oppure consumare meno combustibile a parità di energia prodotta e immettere meno anidride carbonica in atmosfera, con benefici per l'ambiente.

CAPITOLO 4 Energia termica

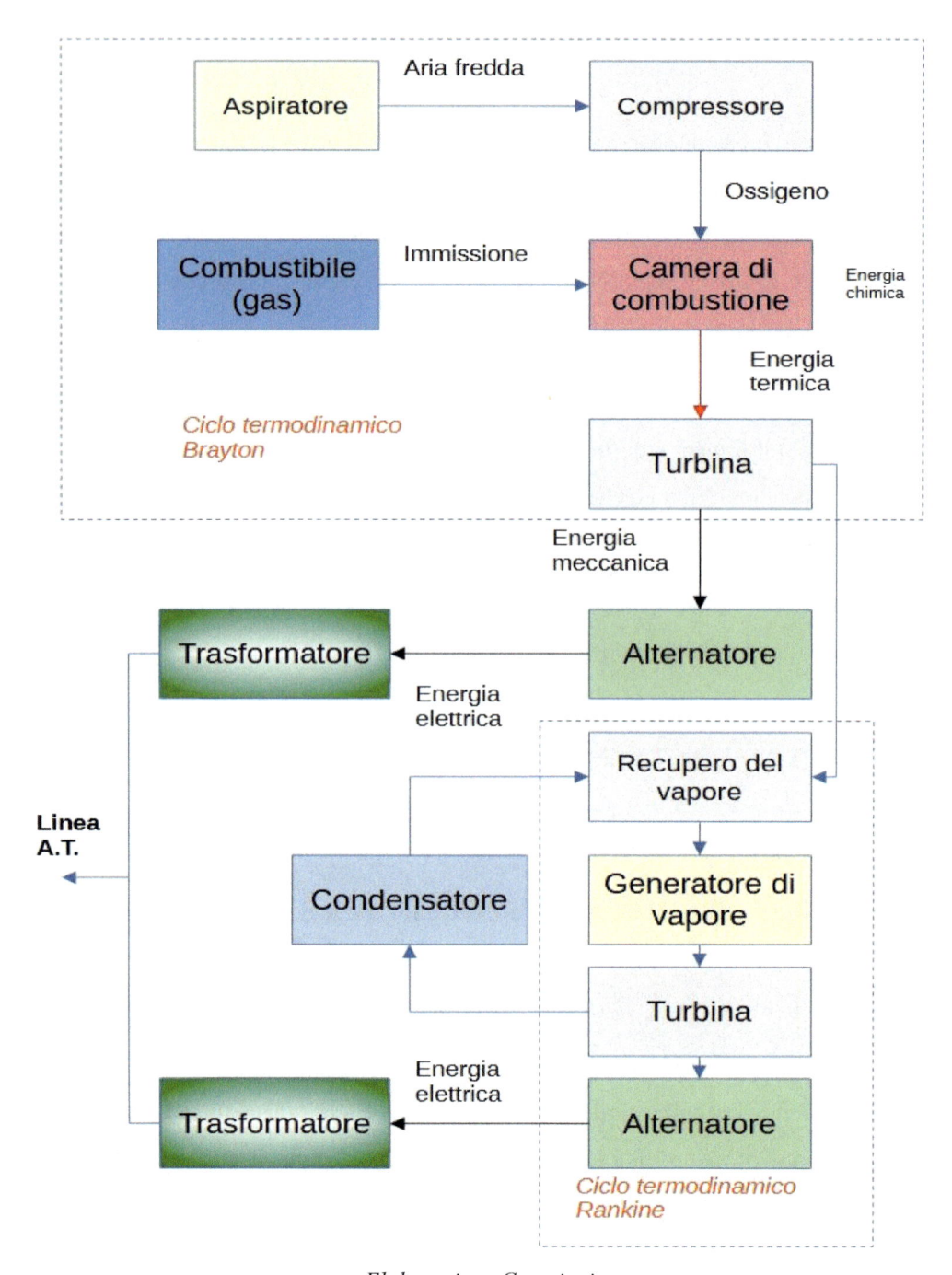

Elaborazione Campioni

Nelle figure che seguono vengono mostrate le varie fasi, tratte dal filmato ricordato, che visualizzano molto bene come sono fatti i vari componenti e la loro distribuzione nell'impianto. Tali figure non hanno bisogno di ulteriori commenti.

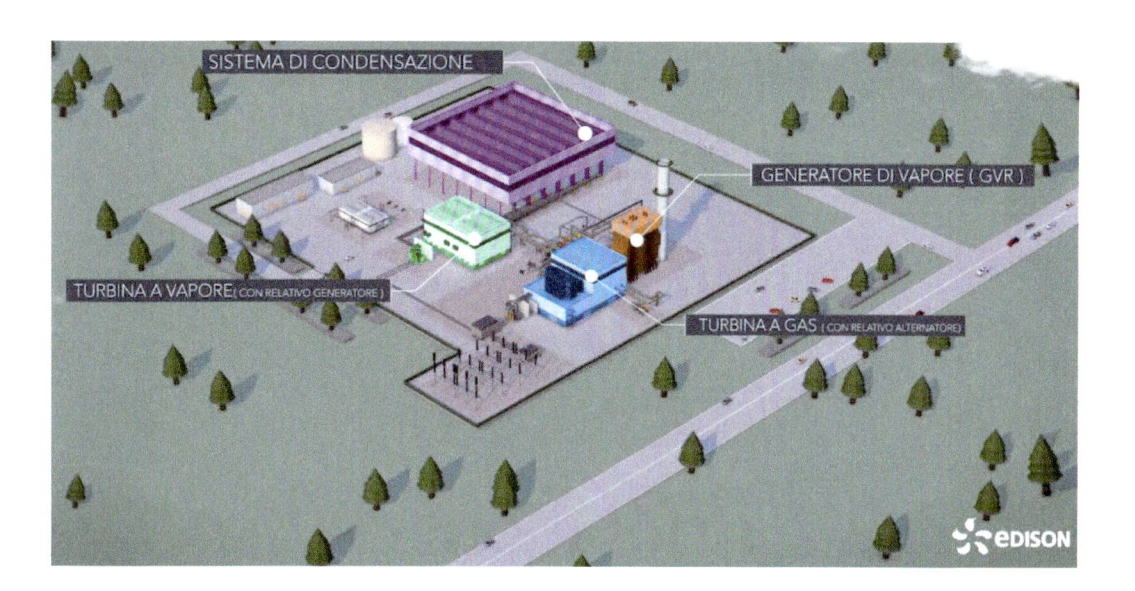

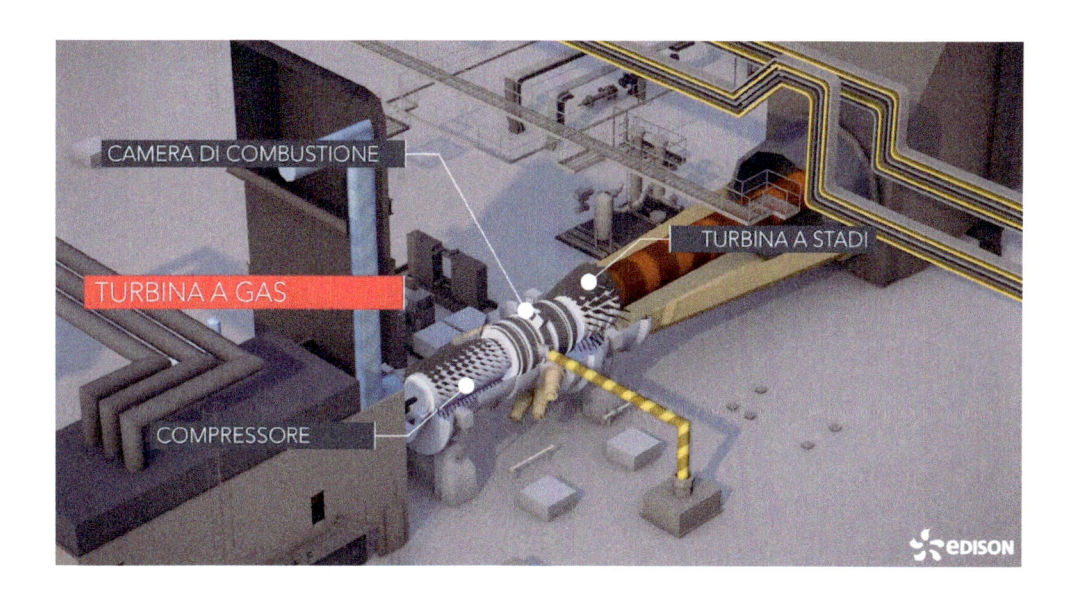

CAPITOLO 4 Energia termica

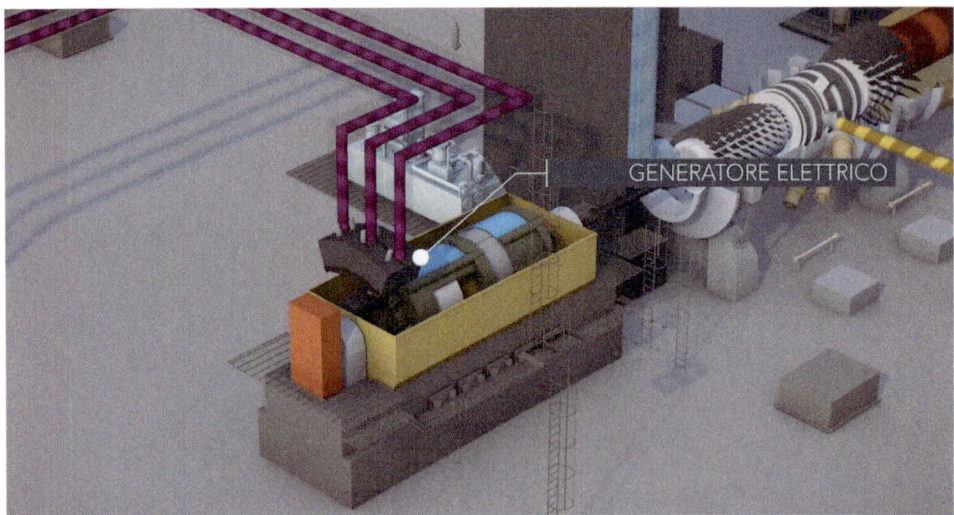

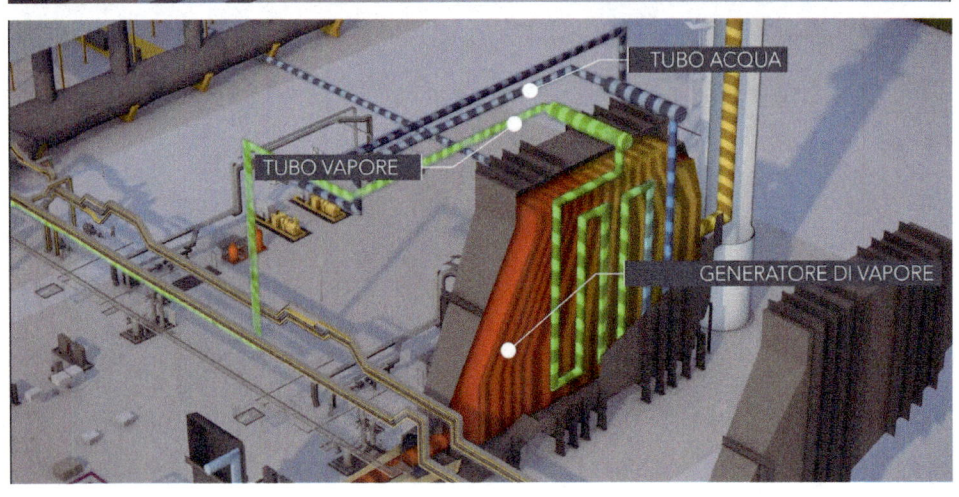

CAPITOLO 4 Energia termica

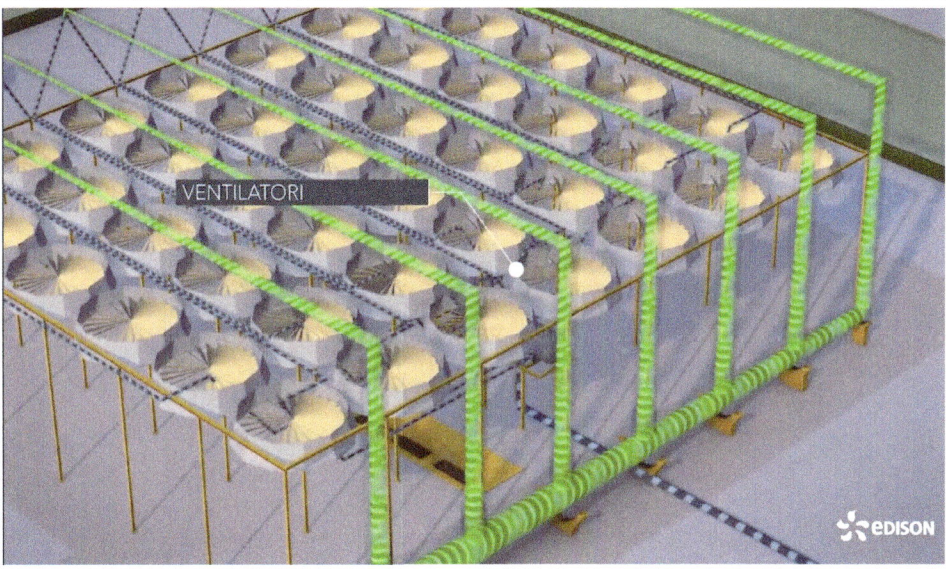

CAPITOLO 4 Energia termica

Raffreddamento ad acqua in alternativa a quello ad aria

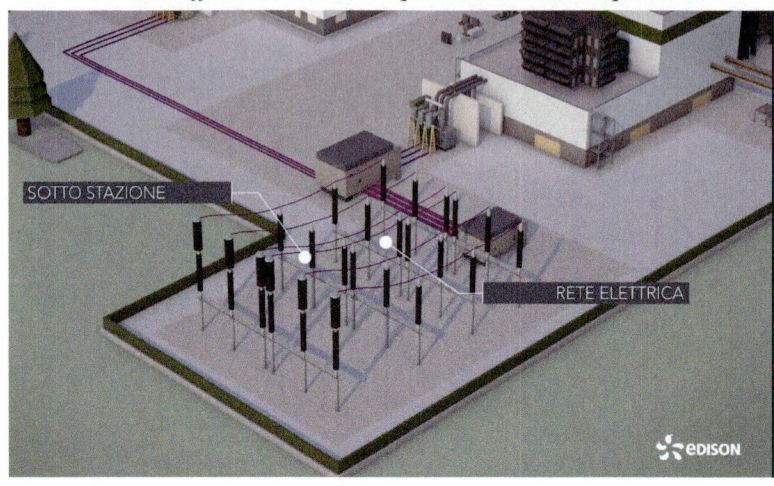

Il rendimento di tali centrali è circa il 55% , con punte del 60% ; per una centrale tradizionale il rendimento è di circa il 40% .

CAPITOLO 5 - L'energia nucleare

La possibilità di sviluppare energia dal nucleo di un atomo si basa sulla famosa equazione, già incontrata e discussa, formulata da Einstein nella sua teoria della relatività ristretta: $E=mc^2$ che permette il calcolo dell'energia che si sviluppa nella trasformazione della massa o viceversa.

Ad esempio se trasformassimo 1 kg di una sostanza in energia otterremmo una energia pari a 9×10^{16} J , cioè 90 milioni di miliardi di J, una quantità impressionante, pari a circa 1.000 volte l'energia liberata dalla bomba atomica sganciata su Hiroshima ; una centrale atomica, trasformando 1 kg di una sostanza, potrebbe fornire una potenza di 2,85 GW per circa un anno.

Nel 1896 Bequerel scoprì che un minerale contenente *uranio* emetteva una radiazione invisibile capace di penetrare attraverso la carta e impressionare una lastra fotografica.

Marie e Pierre Curie scoprirono nuovi elementi radioattivi, cui dettero il nome di radio e polonio, e che la loro radioattività non era influenzata da processi fisici o chimici e che quindi la radioattività non poteva derivare che da processi all'interno dell'atomo.

Non faremo la storia delle varie scoperte e delle loro applicazioni, ma daremo le principali caratteristiche dei fenomeni legati alla radioattività.

Una caratteristica da evidenziare subito è che l'enorme energia liberata può essere sfruttata in due modi:

1. essere liberata gradualmente, sotto il controllo dell'uomo; in questo caso si ha un **reattore nucleare** utilizzato in campo civile per le centrali elettronucleari.
2. Essere liberata in tempi brevissimi in modo incontrollato (frazioni di secondo) e

allora si ottiene la **bomba atomica** e naturalmente trova il suo uso nel campo militare.

Diamo adesso delle informazioni di carattere scientifico; il lettore non interessato ad approfondire può, come al solito, saltare questa parte.

Elementi di fisica nucleare.

▶ Nella figura di lato è mostrata la struttura semplificata di un atomo; essa è costituita da un nucleo interno circondata da elettroni che ruotano su proprie orbite. Nel nucleo sono presenti neutroni, privi di carica elettrica, protoni che hanno una carica elettrica positiva, mentre gli elettroni hanno una carica elettrica negativa.

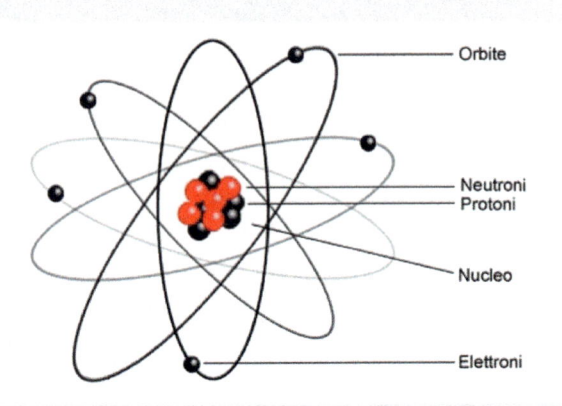

Diamo alcune definizioni utili anche se fornite in modo un po' semplificato.

Unità di massa atomica = 1/12 della massa dell'atomo di carbonio 12; in simboli uma (amu in americano); si ha 1 uma =$1,661 \times 10^{-27}$ kg. ; è utilizzata per corpi aventi massa molto piccola.

Un protone ha una massa m_p=1,00726 uma ; un neutrone una massa m_n=1,00865 uma ; un elettrone ha una massa m_e=$5,486 \cdot 10^{-4}$ uma, circa 1800 volte più piccola del neutrone e del protone; spesso nei calcoli la massa dell'elettrone viene trascurata.

Numero atomico **Z** è il numero di protoni presenti nel nucleo.

Numero di massa **A** è la somma del numero di protoni e di neutroni presenti nel nucleo.

Se indichiamo con **N** il numero dei neutroni si ha N = A – Z .

Un nucleo di un atomo X (generico) viene indicato con l'espressione $^{A}_{Z}X$;

ad esempio $^{238}_{92}U$ significa il nucleo dell'uranio , con numero di massa 238 e numero di protoni 92 ; il numero di neutroni è 238 – 92 = 146

$^{12}_{6}C$ significa il nucleo del carbonio con 6 protoni e 6 neutroni.

Nel nucleo dell'atomo agiscono due forze: una nucleare, attrattiva, che tende ad unire il nucleo ed esercitata dai neutroni e dai protoni; una repulsiva, esercitata dai protoni e quindi di natura elettrica: se la prima è maggiore della seconda, il nucleo è stabile; al contrario il nucleo diviene instabile, diviene radioattivo ed emette particelle. Questo spiega il concetto di radioattività.

Gli elementi con numero atomico Z >83 hanno un nucleo instabile e decadono con una legge esponenziale che qui non daremo per semplicità.

Una grandezza importante è il **tempo di dimezzamento** (o *emivita*), definito come l'intervallo di tempo necessario affinché la metà dei nuclei iniziali radioattivi decada.

Nella tabella che segue sono riportati, a titolo di esempio, i tempi di dimezzamento di alcuni elementi, con simboli in forma semplificata, riportando solo il valore di A.

Elemento	Tempo di dimezzamento
tecnezio-99	6 ore
iodio-131	8 giorni
cobalto-60	5,3 anni
trizio	12,32 anni
stronzio-90	28,1 anni
cesio-137	30,17 anni
carbonio-14	5.730 anni
potassio-40	$1,28 \cdot 10^9$ anni
uranio-238	$4,51 \cdot 10^9$ anni

Ad esempio, se consideriamo 1 g di carbonio-14 ($^{14}_{6}C$), dopo 5.730 anni esso avrà perso 0,5 g di massa radioattiva.

Risulta evidente che più grande è l'emivita e più a lungo l'elemento rimane radioattivo; vista l'età stimata della Terra, 4,5 miliardi di anni, l'unico elemento naturale, abbondante e utilizzato come elemento di partenza nelle centrali nucleari, è l'uranio-238 ($^{238}_{92}U$) che ha un'emivita di 4,51 miliardi di anni.

Dobbiamo fornire un'altra definizione importante, quella di isotopo (=*stesso luogo*); ogni isotopo di un elemento chimico ha lo stesso numero di protoni dell'elemento, cioè lo stesso Z , ma differisce per il numero di neutroni, cioè della massa e quindi di A.

Un *esempio* chiarirà il concetto.

Consideriamo il $^{12}_{6}C$ ed il $^{14}_{6}C$; essi hanno lo stesso numero di protoni, 6, ma differiscono per i neutroni, avendone il primo 6 ed il secondo 8, con A= 12 nel primo caso e A=14 nel secondo. Il secondo è radioattivo ed è utilizzato per la datazione di reperti fossili organici.

Un elemento chimico non si ritrova mai puro, ma è una miscela dei sui isotopi con percentuali che variano da elemento ad elemento.

L'elemento naturale più pesante è l'uranio U, che è composto al 99,3% di $^{238}_{92}U$, dello 0,7% da $^{235}_{92}U$ e da percentuali insignificanti di $^{234}_{92}U$.

NOTA. Tutti gli isotopi di un elemento, avendo lo stesso Z , hanno le *stesse proprietà chimiche* dell'elemento.

Altri elementi importanti nel campo delle applicazioni del nucleare sono:

- il Plutonio, $^{239}_{94}Pu$, elemento transuranico, artificiale prodotto dalla reazione a catena dell'U-235 in un reattore nucleare; è instabile, con un tempo di dimezzamento di 24.100 anni. È estremamente pesante e presenta, oltre alla radiotossicità anche un'eccezionale tossicità chimica. È l'elemento più usato nelle bombe atomiche a fissione.

- Il Trizio $^{3}_{1}H$ è un isotopo dell'idrogeno, è instabile ed ha un'emivita di 12,32 anni; è un componente essenziale delle testate nucleari, nella fusione nucleare. È dannoso per esposizione interna, cioè se ingerito o inalato e può contaminare le falde acquifere.

- Lo Stronzio $^{90}_{38}Sr$, lo Iodio $^{131}_{53}I$ ed il Cesio $^{135}_{55}Cs$, isotopi artificiali, altamente instabili, fanno parte tipicamente dei prodotti di fissione nei reattori e nelle esplosioni nucleari e sono particolarmente nocivi per la salute perché l'organismo non li distingue dagli isotopi naturali di questi elementi, per cui si vanno a concentrare rispettivamente nelle ossa, nella tiroide e nei tessuti molli.

Definiamo infine un'importante grandezza per l'energia delle particelle:

1 eV (elettronvolt) = la carica dell'elettrone per la d.d.p (differenza di potenziale) di 1 volt. $1eV \approx 1,6 \cdot 10^{-19} x \; 1 = 1,6 \cdot 10^{-19} J$ unità di misura dell'energia piccola, ma appropriata alle particelle; si utilizzano spesso i suoi multipli keV , MeV e GeV.

Esempio numerico

La fissione di un nucleo di U-235 libera l'energia di 200 MeV, come il lettore può verificare usando la formula di Einstein e gli esempi precedenti.

Un effetto importante è la reazione a catena in cui un neutrone colpisce un nucleo scindendolo (fissione), con produzione di energia, e liberando più neutroni che possono produrre lo stesso effetto. Se la reazione è controllata si ha l'utilizzo del reattore, tipico delle centrali elettriche; se incontrollata si ha la bomba atomica. ◄

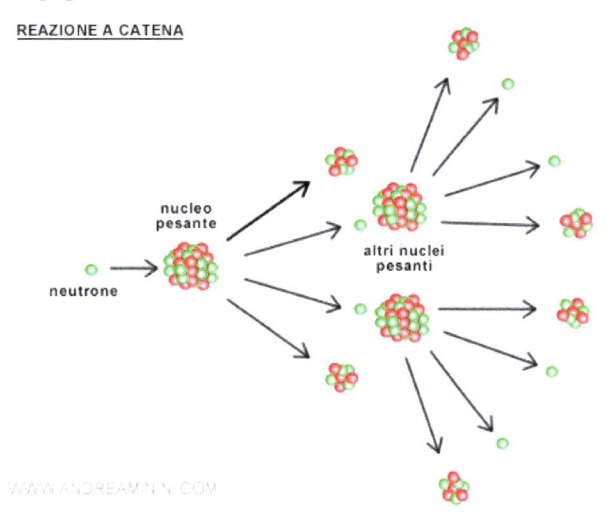

Le centrali nucleari

Una centrale nucleare ha come unico scopo quello di *produrre energia elettrica*; sotto viene fatta una descrizione a blocchi del ciclo di produzione dell'uranio, del suo utilizzo nella centrale e nella sua dismissione a ciclo concluso. (*parte delle notizie riportate sono prese dal libro SCRAM, riportato in bibliografia*). Le fasi sono le seguenti in relazione allo schema presentato.

1) Estrazione dell'uranio dalle miniere. Per estrazione mineraria dell'uranio si intendono tutti quei processi che permettono di ricavare il minerale uranifero dalla crosta terrestre.

L'uranio è presente in grandi quantità sulla crosta terrestre, però in concentrazioni molto basse, data la vasta distribuzione di questa risorsa; per questa ragione questo tipo di estrazione mineraria è caratterizzata da un elevato volume di materiale roccioso estratto: questo rende molto diffusa la scelta di sfruttamento minerario di tipo a cielo aperto, che ha contribuito nel 2009 per il 57% alla produzione totale di uranio mondiale.

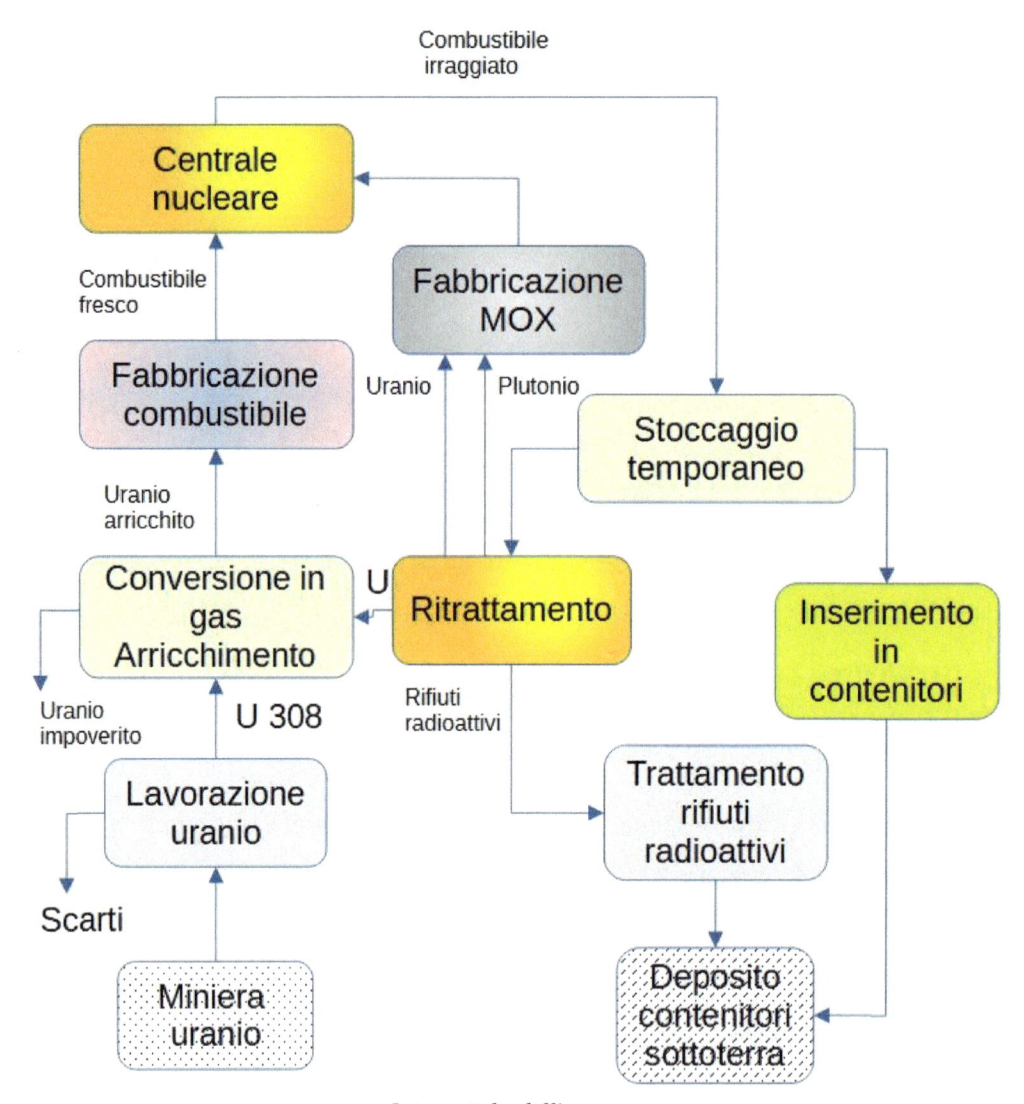

Intero ciclo dell'uranio

Questa estrazione è al momento intrapresa da un ristretto numero di nazioni ed aziende minerarie, a causa dello scarso numero di miniere con rocce ad alto grado di concentrazione di uranio o della tecnologia necessaria richiesta. La produzione mondiale di uranio nel 2009 è stata di 50.572 t, di cui il 27% è stato prodotto in Kazakistan, che assieme a Canada ed Australia detengono oltre il 60% del mercato mondiale. Altri importanti produttori sono Namibia, Russia, Niger, Uzbekistan e Stati Uniti. (*wikipedia*).

Sotto viene mostrata la produzione mondiale dell'uranio.

Miniera a cielo aperto in Namibia (wikipedia)

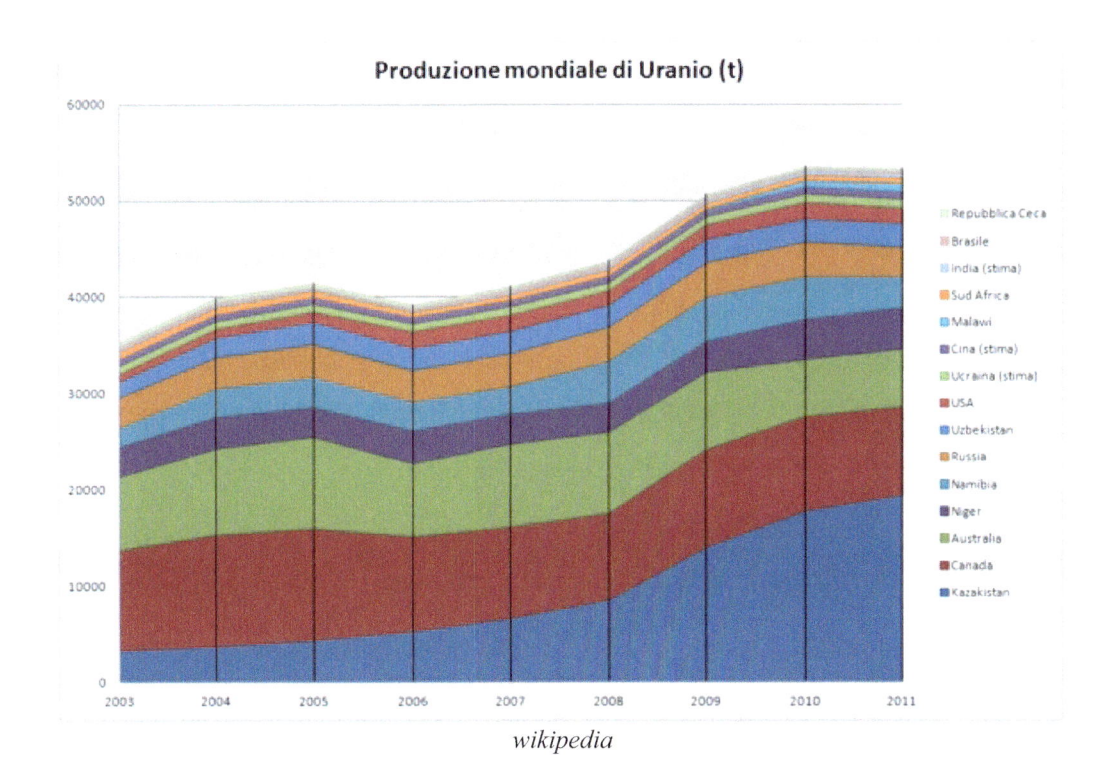

Produzione mondiale di Uranio (t)

wikipedia

Questo tipo d'estrazione ha un impatto non indifferente sull'ambiente esterno e sui lavoratori impiegati nella miniera; le fasi di frantumazione e macinazione del materiale estratto richiedono grossi quantitativi di energia.

2) Purificazione del materiale estratto. Varia in funzione del minerale estratto: il metodo più diffuso è quello tramite solventi molto inquinanti come acido solforico e nitrico (70÷120 kg di acido solforico per 1 kg di uranio estratto). Si ottengono ossidi di uranio del tipo UO_2, UO_3, U_3O_8, detti yellow cake (pasta gialla).

3) Arricchimento dell'uranio. Abbiamo visto che la percentuale di U-235 è circa lo 0,7% dell'uranio estratto, non sufficiente per poter sostenere la reazione a catena necessaria per l'utilizzo in continuo dell'energia nucleare. Per usi civili l'uranio viene arricchito sino a portare l'U-235 a valori del 3÷4% necessari per *l'uso civile*. Ad esempio U_3O_8 viene trattato con fluoro ottenendo UF_6, esafluoruro di uranio; si impiegano grandi quantità di fluoro, altamente tossico e corrosivo, e si consuma un'energia relativamente bassa.

Vengono impiegati due processi:

1. diffusione, con grande consumo d'energia;
2. centrifugazione, con basso consumo d'energia, rispetto alla prima.

4) Fabbricazione del combustibile.

Per venire usato come combustibile nel reattore come esafluoruro di uranio deve essere convertito in un solido ceramico, UO_2 (diossido di uranio) che viene ridotto in pastiglie (pellets) e inserito in guaine costituite da una lega di zirconio (zircaloy), ottenuto con un processo di purificazione spinto che richiede notevoli quantità di cloro: si ottengono così le barre di combustibile.

L'uranio impoverito

L'uranio impoverito è un sottoprodotto del procedimento di arricchimento dell'uranio, contenendo percentuale basse di U-235 ed è chiamato in americano Depleted Uranium (DU). Esso è diventato tristemente famoso per il suo utilizzo in guerra. Infatti ha una densità molto elevata, tale da utilizzarlo per la costruzione di proiettili nelle munizioni anticarro e nelle corazzature di alcuni sistemi d'arma. Se adeguatamente legato e trattato ad alte temperature, l'uranio impoverito diviene duro e resistente come l'acciaio temperato. In combinazione con la sua elevata densità esso risulta molto efficace contro le corazzature, decisamente superiore al più costoso tungsteno monocristallino, il suo principale concorrente; e inoltre piroforico cioè capace di accendersi spontaneamente.

Il processo di penetrazione *polverizza* la maggior parte dell'uranio che esplode in frammenti incandescenti (fino a 3.000 °C) quando colpisce l'aria dall'altra parte della corazzatura perforata, aumentandone l'effetto distruttivo ed altamente tossico.

È stato usato in varie guerre, in particolare in Kosovo e parecchi militari italiani ne hanno pagato le conseguenze, oltre naturalmente la popolazione civile.

5) Il reattore nucleare a fissione

Nello schema che segue viene mostrato in modo sintetico il funzionamento di una centrale nucleare.

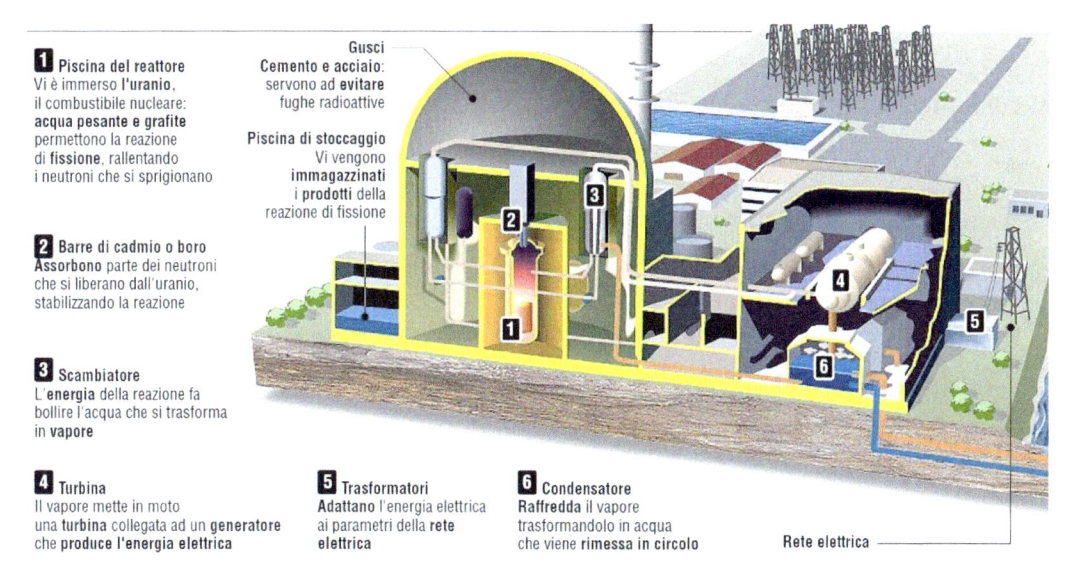

1 Piscina del reattore
Vi è immerso l'uranio, il combustibile nucleare: **acqua pesante e grafite** permettono la reazione di **fissione**, rallentando i neutroni che si sprigionano

Gusci
Cemento e acciaio: servono ad **evitare** fughe radioattive

Piscina di stoccaggio
Vi vengono **immagazzinati** i prodotti della reazione di fissione

2 Barre di cadmio o boro
Assorbono parte dei neutroni che si liberano dall'uranio, stabilizzando la reazione

3 Scambiatore
L'**energia** della reazione fa bollire l'acqua che si trasforma in **vapore**

4 Turbina
Il vapore mette in moto una **turbina** collegata ad un **generatore** che **produce l'energia elettrica**

5 Trasformatori
Adattano l'energia elettrica ai parametri della **rete elettrica**

6 Condensatore
Raffredda il vapore trasformandolo in acqua che viene **rimessa in circolo**

Rete elettrica

Si noti che lo scopo del reattore è quello di produrre calore sufficiente a generare vapore per poter alimentare una turbina che, messa in movimento, farà ruotare l'alternatore per produrre energia elettrica.

Come già ricordato, dal punto di vista energetico, una centrale nucleare differisce dalle altre per la parte necessaria a produrre energia termica.

I reattori nucleari funzionano grazie alla reazione a catena precedentemente descritta, in modo controllato affinché i neutroni emessi durante la fissione producano almeno un altro neutrone al fine di poter mantenere la reazione: il reattore si definisce in questo modo *critico* e il fattore di moltiplicazione è 1. Si ottiene tramite l'uso di *moderatori* fluidi o solidi che diminuiscono l'energia dei neutroni emessi. Esempi di moderatori sono l'acqua naturale H_2O, detta *leggera,* che è capace di moderare i neutroni, ma avendo un'alta cattura neutronica, ha bisogno di uranio leggermente arricchito; il vantaggio di usare l'acqua leggera è che essa, oltre che come moderatore, può essere usata come refrigerante. Un altro moderatore è l'*acqua pesante* D_2O, che al posto dell'idrogeno ^1_0H usa il suo isotopo deuterio ^2_1H con massa circa doppia di H, da cui il termine pesante che può essere usata con l'uranio naturale perché non cattura neutroni; ha un prezzo elevato. Altro esempio di moderatore è la grafite che ha una bassa cattura neutronica e anch'esso può essere utilizzato con l'uranio naturale.

I refrigeranti utilizzati sono vari a seconda del tipo di reattore; citiamo l'acqua normale con l'uranio arricchito, come già detto, l'acqua pesante con l'uranio naturale, refrigeranti gassosi come anidride carbonica o elio quando il moderatore è la grafite.

Il funzionamento è semplice: il calore prodotto nella reazione viene asportato dal refrigerante e, attraverso scambiatori di calore, trasportato alla turbina.

Il controllo della reazione a catena è ottenuto tramite l'inserzione o l'estrazione delle barre di controllo della reazione come precedentemente spiegato.

Si fa notare che la concentrazione dell'U-235 diminuisce nel tempo per cui si ha la necessita di regolare le barre di controllo nel tempo.

Il rendimento di un reattore nucleare è piuttosto basso, circa il 30 %, più basso dei moderni motori a combustione o macchine a vapore; la causa principale è l'alto consumo dei servizi ausiliari rispetto alle centrali prima viste.

Non entriamo qui nella pericolosità delle centrali nucleari perché esula dallo scopo del presente libro; si fa solo notare che l'autore del libro ha preso parte attivamente alla riuscita dei due referendum contro il nucleare, in particolare il secondo.

Si fa presente che dai reattori di potenza si ottiene circa l'1% di *plutonio* che è l'esplosivo ideale delle bombe atomiche.

NOTA. Per MOX si intende *mixed oxide fuel*, combustibile misto uranio-plutonio usato in alcuni reattori poiché le quantità di plutonio ottenuto sono ormai consistenti e pericolose, essendo il plutonio molto fissile e quindi la necessità del suo smaltimento

Le fasi a valle del ciclo del nucleare

6) Gestione dei residui finali

La reazione a catena produce molti isotopi artificiali assai pericolosi perché la loro attività si protrae per molti anni, a volte anche milioni, in relazione alla loro emivita.

Distinguiamo tra ==rifiuti radioattivi== e ==combustibile irraggiato==.

I primi sono materiali radioattivi per i quali non è previsto un ulteriore utilizzo e quindi vanno in qualche modo smaltiti; il secondo possono essere riutilizzati per la realizzazione del plutonio il cui uso abbiamo sopra specificato.

I rifiuti radioattivi o scorie nucleari

Se liquidi debbono essere solidificati amalgamandoli con calcestruzzo o vetrificati; sono classificati in alta, media e bassa *attività*; si ricorda che l'attività esprime il numero delle disintegrazioni che avvengono in un secondo nel SI.

Si classificano inoltre per la loro emivita: lunga o medio-breve.

Il problema della gestione e del confinamento dei rifiuti radioattivi resta un problema insoluto per *tutti i paesi*. La Germania pensava di aver risolto il problema confinando 126 fusti di scorie in una miniera di sale in Asse, Bassa Sassonia, che avrebbe dovuto garantire la loro conservazione per lunghissimo tempo; si è scoperto che la miniera ha perso in breve tempo la sua stabilità, (il luogo, geologicamente instabile, è oggetto di infiltrazioni d'acqua e alcuni contenitori sono arrugginiti; i gestori del sito devono lottare contro due flagelli: il possibile crollo di alcune cavità e l'infiltrazione di acqua contaminata nella falda freatica.) e si sta intervenendo per recuperare i rifiuti e stoccarli provvisoriamente, operazione che richiederà decine di anni e costi elevatissimi. Lo stoccaggio provvisorio riguarda tutti i paesi.

Anche lo smantellamento di una centrale nucleare produce rifiuti radioattivi, problema che si somma al precedente.

7) Il combustibile esaurito

È un materiale molto pericoloso, sia per la sua altissima attività sia per l'energia prodotta dai decadimenti, con conseguente surriscaldamento dello stesso e sua custodia nelle piscine della centrale per un certo periodo di tempo.

Al termine della durata del raffreddamento tali materiali vengono posti in contenitori schermati e stoccati con i problemi già visti.

Ritrattamento del combustibile esaurito

Il combustibile esaurito può essere ritrattato in opportuni impianti per separare l'uranio ed il plutonio dai prodotti di fissione radioattivi; il materiale recuperato viene riutilizzato nelle centrali, ma soprattutto per scopi militari; ha alti costi.

8) Smantellamento (decommisioning) delle centrali nucleari

Prevede:

1. decontaminazione dell'impianto.
2. Messa in sicurezza dell'impianto.
3. Demolizione delle strutture.
4. Bonifica del sito, compresa la rimozione delle scorie e la loro collocazione in un deposito.

Un discorso simile vale per gli impianti di ritrattamento del combustibile esaurito.

Come abbiamo visto l'Europa non possiede miniere di uranio e quindi i paesi che utilizzano il nucleare sono dipendenti da chi ha miniere di uranio.

La produzione del nucleare nel mondo

I numeri, aggiornati al 1 luglio del 2022, dicono che il paese maggiormente dipendente dall'energia atomica è la **Francia**: la fissione garantisce il **69%** della produzione domestica. Segue l'**Ucraina** con il **55%**, un dato che tiene conto anche della produzione della centrale di *Zaporizhzhya*, che a fine settembre è stata spenta a causa dell'invasione russa. Gli altri due paesi nei quali il nucleare produce almeno la metà dell'energia generata sono il la **Slovacchia (52,3%)** e il **Belgio (50,8%)**. La **Russia** si ferma al **20%**, gli **Stati Uniti** al **19,6%**, la **Cina** appena al **5%**. Ma quante sono le centrali attive oggi nel mondo? In totale, gli impianti in funzione sono 440 e la nazione che ne ospita di più sono gli Stati Uniti, dove ne sono attivi ben 92. Seguono la Francia con 56 e la Cina con 55. Pechino sembra però decisa a recuperare terreno sul fronte dell'energia nucleare, tanto che è il paese in cui è in costruzione il maggior numero di nuove centrali.[*Sole24ore, da World Nuclear Industry Status Report (WNISR)*].

Nelle figure seguenti vengono mostrati diagrammi circa la potenza delle centrali nucleari nel mondo a partire dagli anni '50 del secolo scorso e la produzione di elettricità sempre nel mondo e poi in Cina in paragone col resto del mondo.

I dati sono presi dal sito del già citato *World Nuclear Industry Status Report (WNISR)* e sono in francese.

Si nota come la potenza dei reattori sia cresciuta a partire dagli anni '50 e poi, a partire da circa il 1985, essa sia divenuta costante, con una leggera flessione negli ultimi quindici anni.

Il secondo diagramma, a sinistra, mostra la produzione di energia elettrica dovuta al nucleare, sia in termini assoluti (Twh), sia in termini relativi (%) sul totale; si noti come il contributo dell'energia nucleare all'elettrico abbia avuto il suo massimo nel 1996 con un valore del 17,5 % e po sia calata e addirittura nel 2021 sia scesa sotto il 10 %.

Nel secondo diagramma, destra, viene mostrato il contributi della Cina alla produzione mondiale nucleare che compensa, con il suo aumento, quello decrescente mondiale.

Figure 1 - Statut des réacteurs officiellement opérationnels dans le monde comparé à l'évaluation du WNISR (à la fin 2022)

Figure 2 - Production nucléaire dans le monde... et en Chine

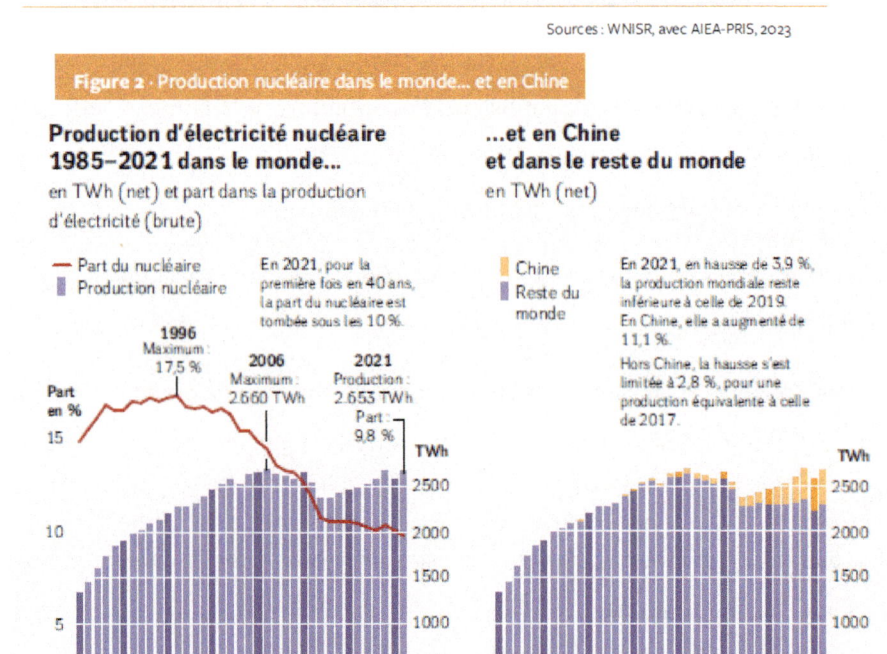

Nella figura che segue viene mostrata la dislocazione dei reattori in costruzione e il loro numero.

La legenda fornisce una distinzione dei paesi fornitori di tecnologia: quelli con tecnologia nazionale, tecnologia straniera e l'esportazione di tecnologia.

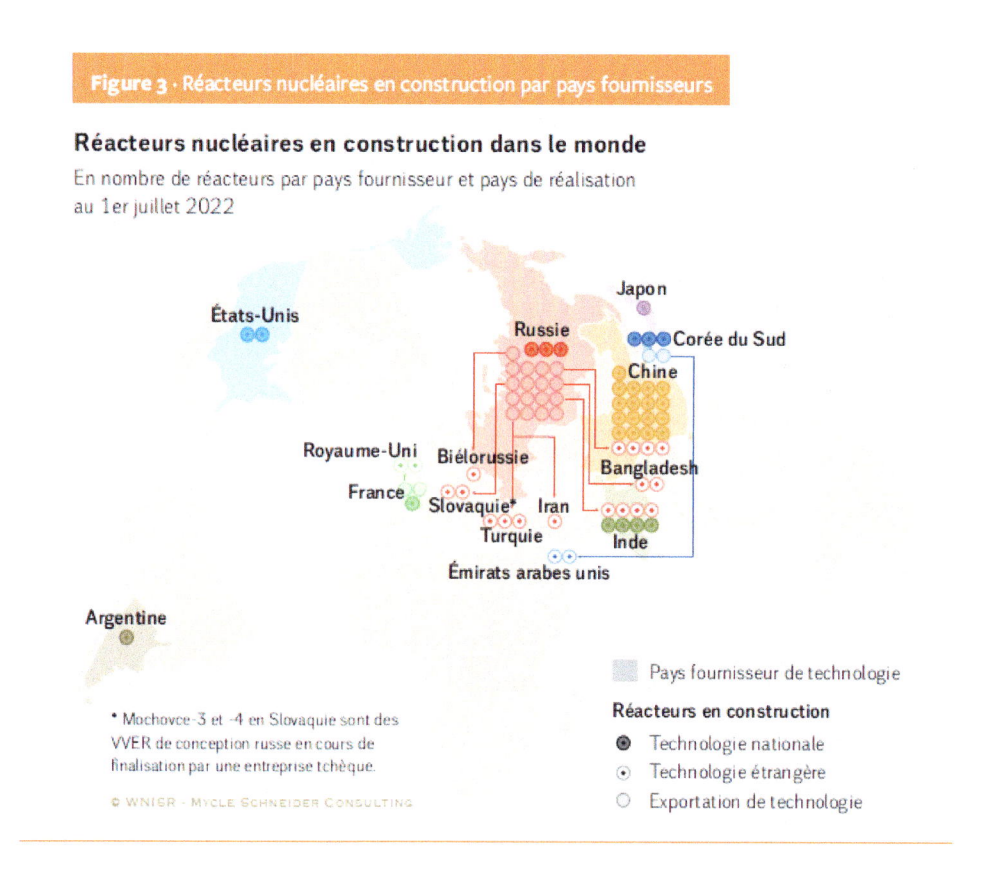

Figure 3 - Réacteurs nucléaires en construction par pays fournisseurs

Réacteurs nucléaires en construction dans le monde
En nombre de réacteurs par pays fournisseur et pays de réalisation au 1er juillet 2022

* Mochovce-3 et -4 en Slovaquie sont des VVER de conception russe en cours de finalisation par une entreprise tchèque.

© WNISR - MYCLE SCHNEIDER CONSULTING

Pays fournisseur de technologie

Réacteurs en construction
- Technologie nationale
- Technologie étrangère
- Exportation de technologie

CAPITOLO 6. L'energia elettrica

Abbiamo visto come alla fine del ciclo di ogni impianto vi sia un alternatore capace di produrre corrente alternata; dobbiamo adesso andare a vedere da vicino che cosa è l'energia elettrica per poter capirne l'utilità e la rivoluzione che ha prodotto il suo uso nella società.

Diamo come al solito alcuni elementi di fisica (o di elettrotecnica) utili alla comprensione di questa forma di energia.

▶La corrente elettrica viene definita come $I=\frac{Q}{t}$ $[\frac{C}{s}=A]$ dove I è l'intensità di corrente elettrica, misurata in A (ampere) (o semplicemente corrente elettrica), Q è la carica che passa attraverso la sezione di un conduttore, misurata in C (Coulomb) e t è il tempo, misurato in s (secondi). Nei conduttore la corrente elettrica è un flusso di elettroni.

Valgono le due leggi di Ohm

1. $V=RI$ dove V è la tensione o differenza di potenziale (d.d.p.) misurata in volt (V) e R è la resistenza elettrica misurata in ohm (Ω). Essa indica la proporzionalità diretta tra corrente e d.d.p.

2. $R=\rho\frac{l}{S}$ con ρ resistività del materiale, l lunghezza di un conduttore e S sezione del conduttore, che afferma che la resistenza di un conduttore, oltre a dipendere dal materiale di cui è costituito, è tanto maggiore quanto più è lungo e quanto più piccola è la sua sezione.

La corrente produce diversi effetti:

- una caduta di tensione valutabile tramite la prima legge di Ohm;

- un riscaldamento del conduttore dato dalle tre espressioni equivalenti $P=RI^2=VI=\frac{V^2}{R}$ con P potenza in W;

- un effetto magnetico di cui parleremo più avanti;

- emissione di luce quando porta un conduttore all'incandescenza (lampade).

Le cariche elettriche producono effetti elettrostatici. ◄

Esaminiamo il sistema di distribuzione dell'energia elettrica.[l'immagine che segue è presa da Terna, che detiene le linee elettriche e il dispacciamento dell'energia elettrica].

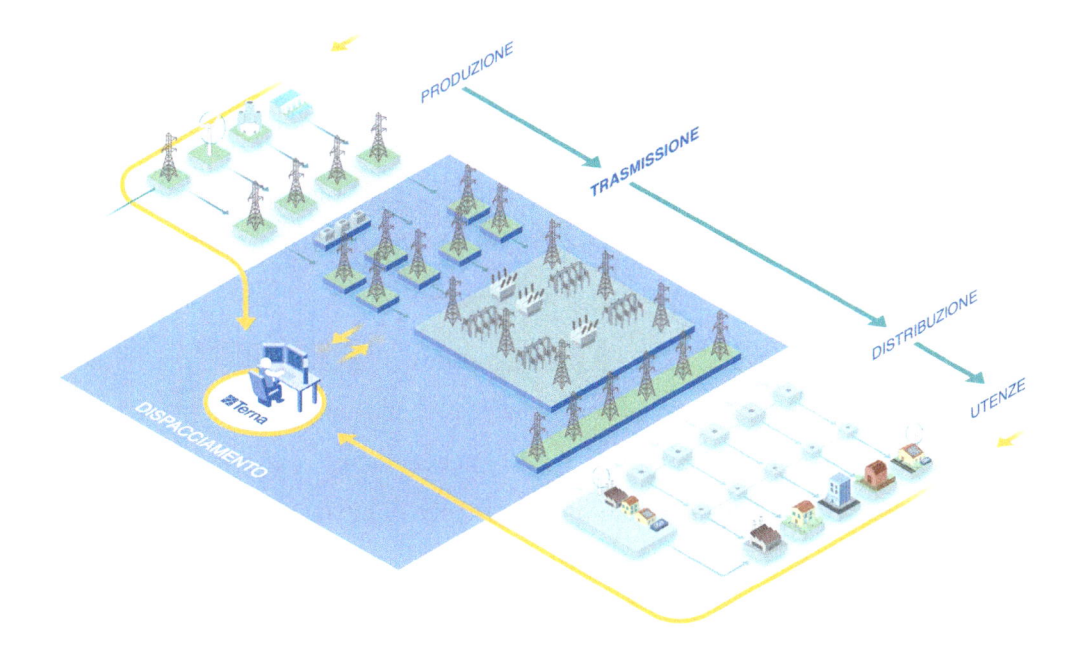

L'energia prodotta nella centrale deve essere trasportata in luoghi in genere lontani: si ha quindi la necessità di utilizzo di linee elettriche, in alta tensione (A.T.), per la trasmissione dell'energia elettrica e la sua distribuzione alle utenze finali. Questa situazione porta a dei problemi che sono stati risolti nel tempo e che dettero luogo ad una lotta feroce tra i sostenitori della produzione in corrente continua (c.c.), come Alva Edison, e quelli in corrente alternata (c.a), come Tesla. Questa lotta terminò con l'affermarsi della generazione in a.c. che risolveva il problema del trasporto a distanza.

Vediamo come funziona e i problemi che sono stati risolti.

Di norma la tensione all'uscita dell'alternatore ha valori attorno ai 5.000 V e correnti che variano a seconda della potenza della centrale; poniamo per semplicità di comprensione che il valore sia I = 1.000 A, cioè una potenza apparente di 5 MW.

Una simile corrente darebbe luogo a due tipi di problemi:

1. una forte caduta di tensione per cui il valore iniziale di 5.000 V cadrebbe velocemente lungo la linea non permettendo di coprire grandi distanze;
2. un valore alto della resistenza dovuto alla lunghezza della linea;
3. una perdita di potenza notevole per il riscaldamento dei conduttori della linea; infatti la potenza persa è proporzionale a I^2 ; aumenta anche a causa della resistenza;
4. una sezione notevole dei conduttori; infatti la sezione di un conduttore deve essere adeguata alla sua portata (corrente sopportata), con grosse spese per il cavo e forse l'impossibilità della linea di sostenerlo.

Si sfrutta allora la qualità di una macchina elettrica, il **trasformatore**, che viene posto all'uscita dell'alternatore con la funzione di elevare la tensione, ad esempio, a 150.000 V (A.T.) , cioè moltiplicandola per un fattore 30 ; nel contempo la corrente viene abbassata dello stesso fattore e passa a circa 33,3 A e la potenza dissipata viene ridotta di $30^2 = 900$ volte. Questo fatto permette di utilizzare sezioni idonee dei conduttori di linea.

Si possono così coprire grandi distanze tramite l'utilizzo del trasformatore; naturalmente quando si giunge presso l'utilizzatore si deve usare il trasformatore per abbassare la tensione: prima in media tensione (M.T.), poniamo 15.000 V , e poi in bassa tensione (B.T.), 380 V trifase per le aziende e 220 V monofase per le utenze domestiche e simili.

Sotto viene riportato uno schema a blocchi che spiega quanto detto.

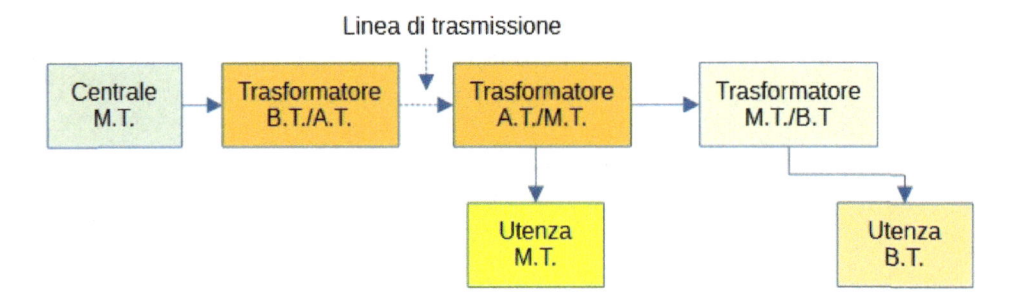

Di lato viene mostrato lo schema elettrico di principio di un trasformatore e un'immagine di una sua realizzazione; p sta per primario e s per secondario; N rappresenta il numero di spire.

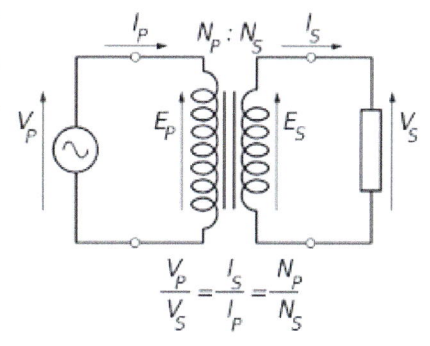

Esso è costituito da due circuiti, elettricamente indipendenti, ma collegati magneticamente e sfrutta un effetto magnetico per indurre tensione nell'avvolgimento secondario.

Schema di principio di un trasformatore

Lo schema mostra un trasformatore monofase; nelle centrali elettriche esso è trifase.

Valori e denominazione della tensione – Norme CEI	
Alta tensione	Sopra i 30 kV
Media tensione	1÷30 kV
Bassa tensione	50÷1.000 V
Bassissima tensione	Sotto i 50 V

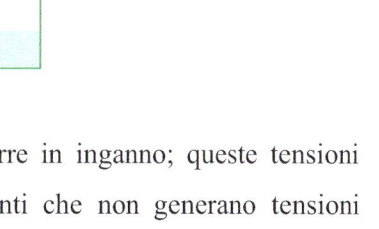

NOTA. La denominazione bassa tensione non deve trarre in inganno; queste tensioni possono essere pericolose per l'uomo. Impianti che non generano tensioni pericolose sono quelli in bassissima tensione. I valori sopra riportati valgono per le correnti alternate.

La corrente elettrica genera un campo magnetico (ma anche elettrico) che è statico se la corrente è continua, come quella generata da una pila o da una dinamo; è variabile, ed in particolare sinusoidale, se lo è la corrente. La frequenza utilizzata negli impianti italiani è di 50 Hz (50 oscillazioni al secondo) e le tensioni *nominali* nell'industria e nel civile sono rispettivamente 400 V e 230 V.

Un campo magnetico che varia produce 2 effetti:

1. induzione di di forze elettromotrici (f.e.m.), in pratica delle tensioni, ad esempio ai capi dell'avvolgimento di una bobina,; questo effetto trova applicazione nei

generatori di tensione come gli alternatori e le dinamo. Tale effetto, come abbiamo visto è utilizzato anche nel trasformatore che è una macchina elettrica statica.

2. Un effetto ponderomotore, cioè la possibilità di far ruotare un opportuno rotore; questo effetto è applicato nei *motori elettrici*.

Non approfondiremo la questione perché, al momento, non ha interesse per lo scopo del libro.

Ricordiamo solo che le cariche elettriche producono campi elettrici e se le cariche variano nel tempo (correnti) anche il campo elettrico varia producendo vari fenomeni presenti in natura e sfruttati anche nei circuiti elettrici.

Il fenomeno più visibile è rappresentato dal fulmine, grazie alle forti d.d.p. tra le nuvole e la terra; un'applicazione circuitale è quella del condensatore elemento fondamentale nell'elettronica.

Il cuore della generazione dell'energia elettrica, come detto più volte, è l'alternatore di cui sotto ne è mostrata una versione.

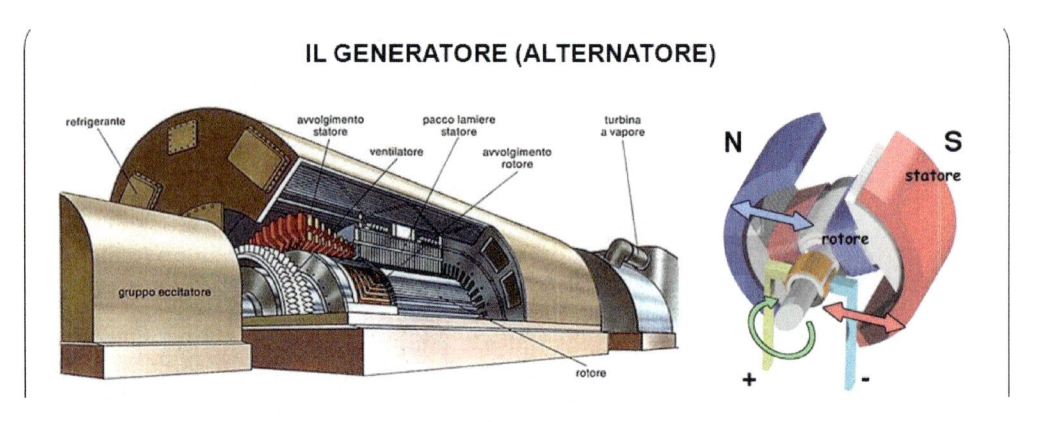

IL GENERATORE (ALTERNATORE)

Esso trasforma l'energia meccanica, dovuta alla rotazione di una turbina, in energia elettrica sfruttando il fenomeno dell'induzione di una forza elettromotrice (in pratica una tensione) dovuta al campo magnetico variabile che si produce su di esso.

E' costituito da uno statore in genere fatto di magneti (lamiere) e di un rotore su cui sono avvolti conduttori ai capi dei quali si genera la f.e.m. ; la tensione generata è trifase e se collegata ad un'utenza produce corrente.

Un dispositivo simile, ma con potenza molto minore, viene utilizzato nella comune automobile per generare l'energia elettrica necessaria.

Abbiamo già fornito i dati della produzione di energia termoelettrica in Italia, presi da quelli ufficiali forniti da Terna; passiamo ora alla situazione generale di produzione di energia elettrica.

Dati a livello mondiale

I dati che seguono sono presi dal sito dell'IEA (International Energy Agency), Agenzia Internazionale dell'Energia e, se non specificato, sono relativi all'anno 2022.

La produzione mondiale netta di energia elettrica è stata di 639.652,3 GWh, con un calo dello 0,3% rispetto all'anno precedente; tuttavia il valore di inizio anno 2023 è di 10.799.491,2 GWh con un incremento dello 0,8% rispetto allo stesso periodo dell'anno precedente.

Sotto sono riportati i dati elaborati dall'autore del libro, ricavati dal sito citato.

ENERGIA (GWh)	vento	solare	altre rinnovabili	nucleare	gas naturale	idroelettrica	carbone	altre	Totale mensile
gennaio	107.778,6	31.776,6	33.653,0	168.529,1	285.068,9	135.259,8	209.888,0	27.885,8	999.839,8
febbraio	115.660,5	37.284,5	31.007,7	145.939,3	238.258,7	116.976,9	175.314,5	21.997,3	882.439,4
marzo	98.086,6	50.574,8	33.525,5	146.360,5	246.164,7	129.517,6	170.997,5	22.314,7	897.541,9
aprile	100.519,2	58.462,2	30.350,2	129.584,7	216.477,7	120.909,6	145.037,3	20.292,3	821.633,2
maggio	87.080,6	65.691,0	29.949,0	132.638,1	245.365,9	129.962,0	150.560,6	21.230,3	862.477,5
giugno	72.673,7	66.906,7	29.626,7	135.529,8	277.092,5	129.172,7	169.716,2	22.105,1	902.823,4
luglio	73.208,5	68.033,5	31.045,0	142.119,2	325.894,4	126.035,3	196.532,8	23.338,9	986.207,6
agosto	60.964,8	63.906,0	31.469,7	144.369,2	324.668,1	123.819,3	196.456,5	23.005,9	968.659,5
settembre	70.596,7	55.216,9	29.962,2	135.001,1	278.859,9	108.040,5	166.678,7	21.401,7	865.757,2
ottobre	92.511,8	48.734,2	29.339,0	129.901,1	250.590,4	104.658,5	148.859,4	21.305,2	825.899,6
novembre	106.994,5	36.350,0	30.732,1	135.974,5	244.534,4	115.156,0	155.706,5	20.811,3	846.259,9
dicembre	102.440,9	30.389,3	33.157,2	155.048,0	275.691,8	128.677,7	187.871,9	26.375,4	939.652,2
Totali annuali	1.088.516,4	613.325,7	373.817,3	1.700.994,6	3.208.667,4	1.468.186,0	2.073.619,9	272.063,9	**10.799.191,2**

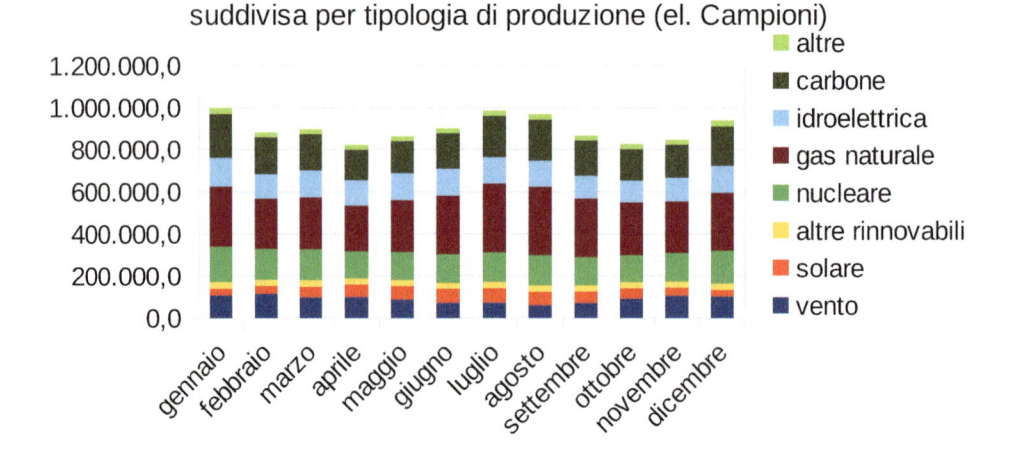

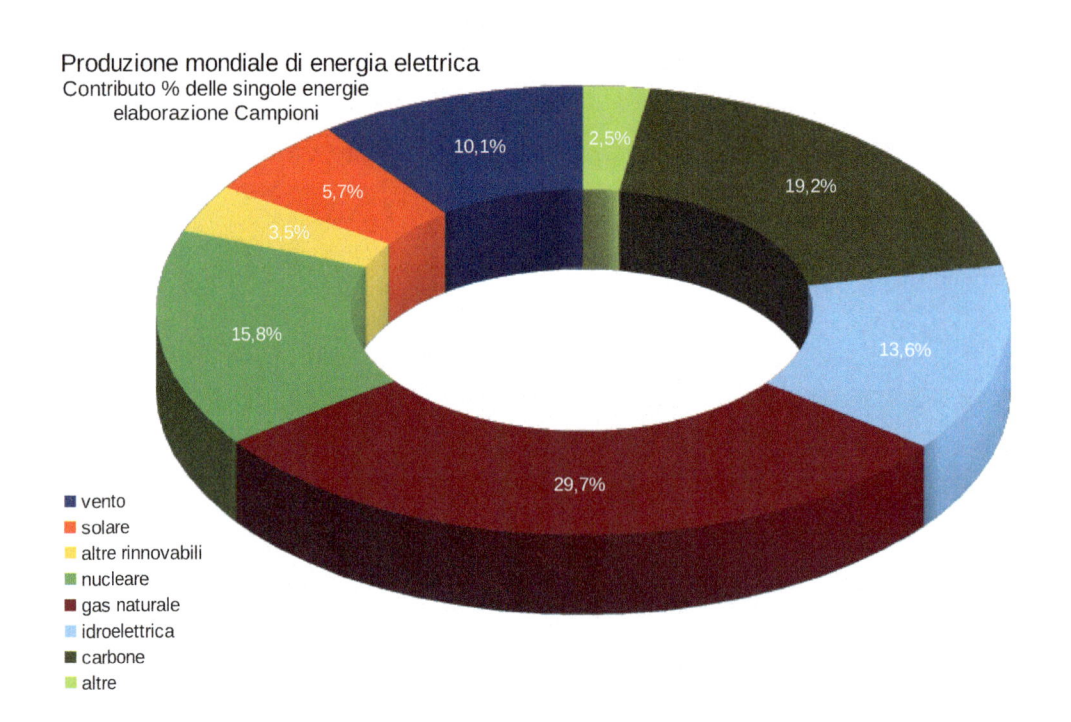

Produzione mondiale di energia elettrica

suddivisa per tipologia di produzione (el. Campioni)

Produzione mondiale di energia elettrica
Contributo % delle singole energie
elaborazione Campioni

- vento: 10,1%
- solare: 5,7%
- altre rinnovabili: 3,5%
- nucleare: 15,8%
- gas naturale: 29,7%
- idroelettrica: 13,6%
- carbone: 19,2%
- altre: 2,5%

La produzione da energie rinnovabili è stata a dicembre del 2022 di 294.665,1 GWh, con un'incidenza del 32,8% sulla produzione netta totale; ad inizio anno 2023 si è avuto un incremento del 5,3%.

Riportiamo in particolare la sintesi fornita dall'EIA.

Nell'OCSE la produzione totale netta di energia elettrica è stata pari a 939,7 TWh a dicembre 2022, in calo dello 0,3% su base annua rispetto a dicembre 2021. Nel corso del 2022, la produzione totale di elettricità è aumentata dello 0,8% o 89,5 TWh rispetto al , pari a 10.799,5 TWh.

La produzione di energia elettrica da fonti rinnovabili ha contribuito maggiormente a questa crescita (+5,3% da inizio anno 179,4 TWh), trainata dalla forte produzione eolica e solare, in aumento rispettivamente del 12,9% e del 20,2% su base annua. Questa crescita ha compensato il trend negativo registrato dall'idro, pari a una perdita di 42,4 TWh (-2,8% da inizio anno) rispetto al 2021.

La produzione di elettricità nucleare nell'OCSE è diminuita del 6,5% su base annua o di 117,3 TWh nel dicembre 2022, essenzialmente a causa della ridotta produzione nucleare nella regione europea dell'OCSE.

La produzione di elettricità da combustibili fossili è rimasta stabile a 487,5 TWh a dicembre 2022, in leggero aumento dello 0,8% su base annua. La produzione da carbone è diminuita del 3,0% anno su anno o di 63,5 TWh, trainata principalmente da una minore produzione nelle Americhe OCSE (-7,0% anno su anno) e solo in parte compensata da una produzione più elevata nell'Europa OCSE (+3,1% anno su anno). La produzione di elettricità da gas naturale è aumentata del 3,2% da inizio anno o di 98,3 TWh, con le Americhe dell'OCSE che hanno contribuito a questa crescita (+5,5% da inizio anno).

In Europa

Nel capitolo sull'energia termica abbiamo fornito dati in abbondanza. In sintesi

Nel 2022, 39.4% dell'elettricità è stata generata con le rinnovabili, 38.7% da carburanti fossili e 21.9% dal nucleare.

Nel dettaglio.

Carburanti fossili

- Gas:19.6%

- Carbone: 15.8%
- Petrolio: 1.6%
- Altri 1.7%

Rinnovabili:

- Eolico: 15.9%
- Idroelettrico: 11.3%
- Solare: 7.6%
- Biomassa: 4.4%

In Italia

Anche in questo caso, nel capitolo sull'energia termica abbiamo fornito i dati ricavati dal sito di Terna, la società che gestisce le linee elettriche in A.T. ed il dispacciamento.

Una sintesi dei dati del 2021

Nel 2021 la richiesta di energia elettrica è stata di 319,9 miliardi di kWh, con un aumento del 6,2% rispetto all'anno precedente.

Nel 2021, la richiesta di energia elettrica è stata soddisfatta per l'86,6% da produzione nazionale per un valore pari a 277,1 miliardi di kWh, (+3,0% rispetto al 2020) al netto dei consumi dei servizi ausiliari e dei pompaggi. La restante quota del fabbisogno (13,4%) è stata coperta dalle importazioni nette dall'estero, per un ammontare di 42,8 miliardi di kWh, in aumento del 32,9% rispetto all'anno precedente. Le perdite di rete sono cresciute del 9,6%, con un'incidenza sulla richiesta del 5,9% (5,8% nel 2020). Nel 2021 i consumi totali di energia elettrica sono aumentati del 6% attestandosi a 300,9 miliardi di kWh.

La potenza netta di generazione installata è risultata di 117.160 MW, contro una massima potenza richiesta dal sistema elettrico nazionale che è stata pari a 55.016 MW, registrata l'8 luglio alle ore 15, in diminuzione dello 0,3% rispetto al 2020. Come si vede l'Italia ha parco di impianti capace di generare una potenza doppia di quella necessaria come picco.

NOTA. L'Italia ha una potenza installata molto superiore a quella di picco necessaria e quindi potrebbe essere un mistero il fatto di importare il 13,4% di energia elettrica dalla Francia, Svizzera (sembra un energia di transito dalla Francia), Slovenia, Austria e altri. Questo fatto è dovuto alla privatizzazione dell'ENEL che opera sul mercato dell'energia come una qualsiasi ditta, per cui è più conveniente acquistare energia dall'estero perché costa meno; soprattutto di sera quando la necessità delle centrali nucleari francesi di fornire potenza costante (il reattore nucleare non ha una capacità di essere flessibile e inoltre conviene economicamente farlo funzionare sempre al massimo delle sue possibilità) si scontra con il minor consumo di elettricità in Francia. Alla Francia quindi conviene svendere la propria energia e all'ENEL (ed altri) conviene comprarla.

Vantaggi dell'energia elettrica

Come ricordato all'inizio del capitolo, l'energia elettrica ha trasformato completamente la nostra società a partire dall'utilizzo intensivo di questa fonte di energia, per passare poi alle comunicazioni elettriche e alla rivoluzione elettronica ed informatica.

In pratica senza questa forma di energia la società attuale si fermerebbe e se sopravvivesse si ritroverebbe come all'inizio della società industriale con le prime macchine a vapore e carbone. Un elenco incompleto dei vantaggi è :

- funzionamento degli elettrodomestici presenti in un'abitazione, del televisore, dei calcolatori e delle periferiche, della caldaia, della piastra di cottura degli alimenti, dell'illuminazione ecc.; in pratica della casa stessa.

- Illuminazione pubblica;

- Funzionamento delle autovetture, qualunque sia il tipo di alimentazione delle stesse; delle navi e del trasporto aereo, del treno.

- La maggior parte delle forme di controllo e di automazione dei sistemi di qualunque genere.

- Le telecomunicazioni e quindi anche di internet. Degli scambi commerciali tramite internet stessa.
- Sviluppo di una diagnostica sempre più sofisticata
- In pratica verrebbe meno un mondo globalizzato così come lo conosciamo.

Svantaggi dell'energia elettrica

- Uso di armi sempre più sofisticate grazie ai controlli elettronici e satellitari.
- Sviluppo di linee su tutto il territorio con tensioni sempre più elevate con generazione di forti campi elettrici e magnetici; si pensi, come abbiamo ricordato all'inizio del capitolo, che più si innalza la tensione, tramite un trasformatore e più bassa è la corrente elettrica che circola nella linea; tensioni più elevate generano campi elettrici e magnetici più grandi con aumento del pericolo e danno.
- Generazione di campi elettromagnetici alle frequenze dei GHz, con problemi per la salute umana, e non solo, poiché, con il 5G, tali campi andranno a coprire tutta la superficie terrestre in modo capillare.
- Super automazione della nostra civiltà, con sviluppo della robotica che pone seri problemi di occupazione (nell'attuale modo di produzione) e anche etici, poiché si parla già di un futuro in cui i robot potrebbero prendere il posto degli uomini. Naturalmente questi è un problema molto complesso e non è possibile affrontarlo in questa sede.

CAPITOLO 7. Energia associata alle onde elettromagnetiche

È una forma di energia che è facile e nel contempo difficile da capire; facile se si pensa che la luce solare è costituita di onde elettromagnetiche e che essa ci scalda e in definitiva rappresenta la quasi totalità dell'energia che coinvolge la Terra, se escludiamo quella che arriva dall'interno della Terra stessa e, adesso, quella prodotta dall'uomo.

Difficile se vogliamo capire come essa sia trasportata dalle onde elettromagnetiche in generale.

Nella figura sottostante è mostrato lo spettro della radiazione elettromagnetica; tale

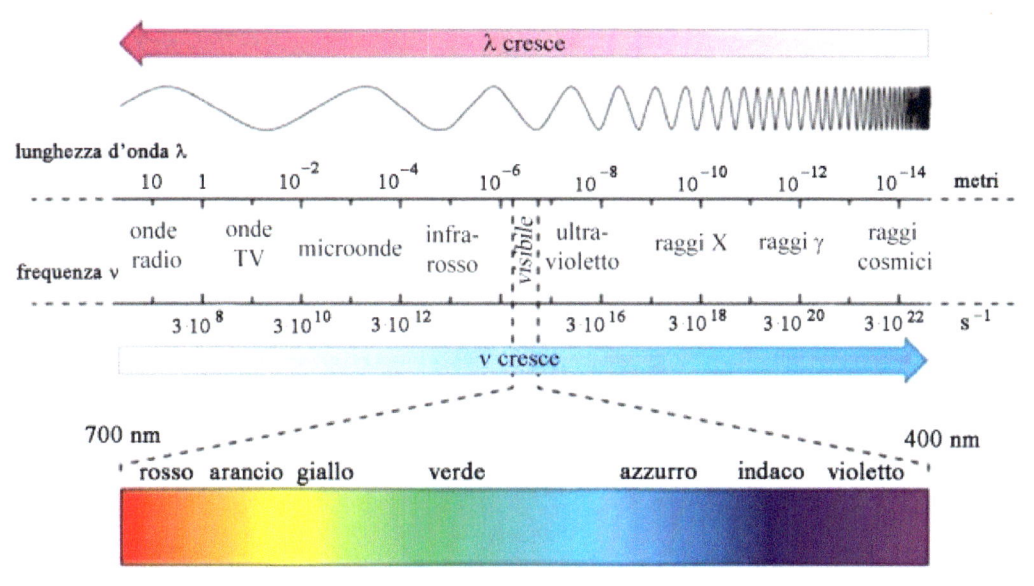

radiazione si differenzia non solo per la sua intensità, ma anche per la sua frequenza (o per la sua lunghezza d'onda).

▶Dalla figura si nota che lo spettro visibile occupa una parte della radiazione solare che giunge sulla Terra, da circa 0,38 µm a circa 0,72 µm ; la restante parte è nell'infrarosso e nell'ultravioletto.

Bisogna prestare attenzione a quale delle due grandezze si fa riferimento perché le due grandezze variano inversamente: se la frequenza aumenta la lunghezza d'onda diminuisce e viceversa. Le parole infrarosso e ultravioletto sono riferite alla frequenza, indicando radiazioni al di sotto del rosso ed al di sopra del violetto.

Si noti come al di sotto delle spettro solare vi siano i raggi infrarossi, le microonde, le onde TV e quelle radio, che captiamo o trasmettiamo tramite le comuni antenne; al di sopra vi sono i raggi ultravioletti, i raggi x, quelli gamma e cosmici.

Diamo sinteticamente le caratteristiche fisiche delle onde elettromagnetiche; il lettore più curioso può consultare un qualunque libro di fisica.

Il fisico Maxwell formulò una teoria completa delle onde elettromagnetiche prevedendone tutte le caratteristiche, grazie all'elaborazione di precedenti equazioni e la riassunse nella sue 4 famose equazioni; circa 30 anni dopo Hertz riuscì a confermarne l'esistenza; Marconi poi le utilizzò per comunicare a distanza.

Ogni campo elettrico in variazione genera un campo magnetico in variazione; ogni campo magnetico in variazione genera un campo elettrico in variazione.

Ne consegue che, se un campo elettrico varia, genera un campo magnetico in variazione, che genera un campo elettrico in variazione e così di seguito. La cosa funziona in modo analogo anche se si parte da un campo magnetico variabile. Campi elettrici o magnetici isolati possono esistere solo se costanti (frequenza =0).

Si ha cioè una situazione che in un caso particolare può essere rappresentata dalla figura sottostante, con campi elettromagnetici concatenati; il campo elettrico **E** oscilla in un piano (xz), il campo magnetico **B** oscilla nel piano perpendicolare (yz) e la propagazione dell'onda avviene nella direzione z.

La densità di potenza associata ad un tale campo risulta:

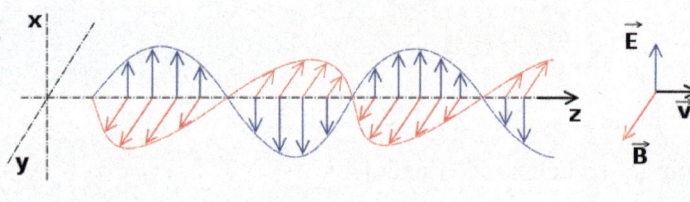

$$D = \frac{ExB}{\mu}$$

μ è la permeabilità magnetica e rappresenta il contributo dato dal materiale; se l'onda si trasmette nel vuoto si ha $\mu_0 = 4\pi 10^{-7}$.

La luce ha una doppia manifestazione: corpuscolare ed ondulatoria; mai simultaneamente perché il manifestarsi dell'una esclude l'altra.

La quantità di energia irradiata o assorbita si presenta sempre in granuli, in seguito chiamati fotoni, cui è associata una energia $\varepsilon = n\,h\,f$, essendo **f** la frequenza, **h** la costante di Planck che vale $6{,}625\,10^{-34}$ [J s], ed **n** un numero naturale; l'energia è sempre quindi un multiplo di h f, cioè del fotone. L'energia risulta quindi quantizzata e la formula spiega perché i raggi ultravioletti siano pericolosi: infatti avendo un frequenza alta hanno anche un'alta energia.

Esempio numerico

L'energia di un fotone, avente una frequenza di 3×10^{16} Hz è pari a

$$\varepsilon = 3 \times 10^{16} \times 6{,}625\,10^{-34} = 19{,}875\,10^{-18}\,J$$

L'energia di un raggio infrarosso di frequenza 3×10^{13} Hz è mille volte più piccola; basta fare il confronto delle frequenze.

La radiazione emessa dal sole si può calcolare, in modo approssimato, tramite la legge di Stefan-Boltzmann

$Q = e\,\sigma\,AT^4 t$ con **Q** = energia emessa, **e** = emissività che per il Sole vale 1, **σ** una costante che vale $5{,}6 \times 10^{-8}$, **A** è la superficie del Sole, **T** la temperatura assoluta del Sole e **t** è il tempo.

Il raggio del Sole è circa $6{,}96 \times 10^8$ da cui A = $4\pi r^2 = 6{,}09 \times 0^{18}$ m² .

Per il Sole T = 5.800 K da cui si ricava

$$Potenza = \frac{Q}{t} = 3{,}91 \times 10^{26}\,W$$

Questa energia si distribuisce in tutto lo spazio; quella intercettata dalla Terra dipende dal raggio della sua orbita, circa 150 milioni di chilometri, par a Rt = $1{,}5 \times 10^{11}$ metri.

L'area dell'orbita è dunque

$A_{te} = 2{,}83 \times 10^{23}$ m² da cui si ricava

$\dfrac{Q}{tA_{te}} = 3{,}91 \times \dfrac{10^{26}}{2{,}83} \times 10^{23} = 1{,}38\,\dfrac{W}{m^2}$ che rappresenta la costante solare, cioè la densità di potenza che arriva sulla nostra atmosfera.

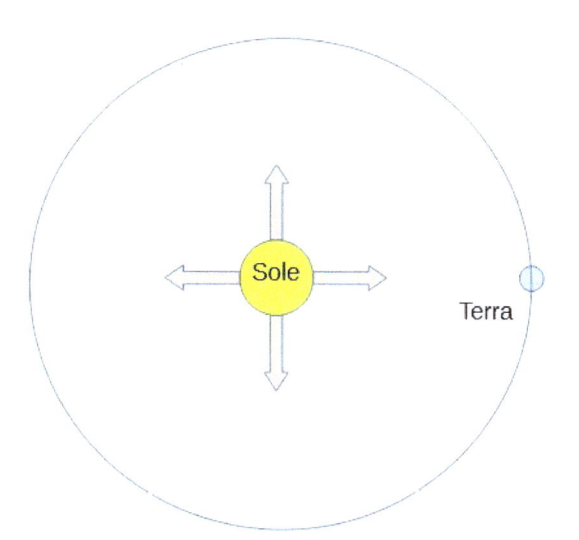

Ricordando che la Terra intercetta una energia pari alla suo cerchio massimo, con un calcolo simile al precedente, si ricava che la potenza che arriva sulla Terra, sulla nostra atmosfera, è di $1,76 \times 10^{17}$ W, un valore enorme (176 miliardi di MW).◄

La figura che segue mostra l'energia che il Sole ci invia: la parte in rosso rappresenta quella in arrivo dal Sole e in blu quella emessa dalla Terra; la prima comprende oltre allo spettro visibile anche una parte di infrarosso e di ultravioletto, la seconda è totalmente nell'infrarosso.

L'energia che il Sole ci invia varia ciclicamente, con un ciclo di circa 11 anni; quando la Terra è nata il Sole aveva una potenza minore, di circa il 25 %. Nell'immagine che segue, presa dalla *NASA*, è riportato l'andamento di tale potenza negli ultimi decenni; è riportato anche l'aumento di temperatura; il riferimento è l'anno 1880.

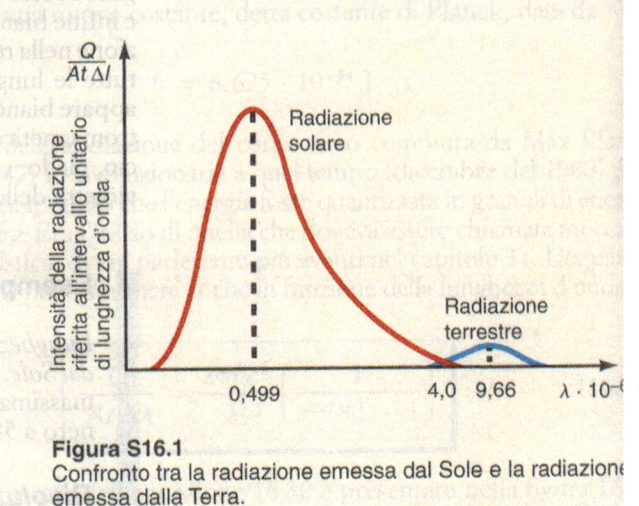

Figura S16.1
Confronto tra la radiazione emessa dal Sole e la radiazione emessa dalla Terra.

Le linee sottili sono riferite alle variazioni annuali mentre quelle ingrossate sono riferite alla media calcolata su 11 anni.

Si noti come la densità di potenza della radiazione solare diminuisce, la temperatura è in continuo aumento.

Questo fatto è dovuto all'effetto serra prodotto da vari gas tra cui l'anidride carbonica.

Per approfondire il problema dei cambiamenti climatici si può leggere il libro dell'autore "Storia dei cambiamenti climatici"; qui non andremo oltre.

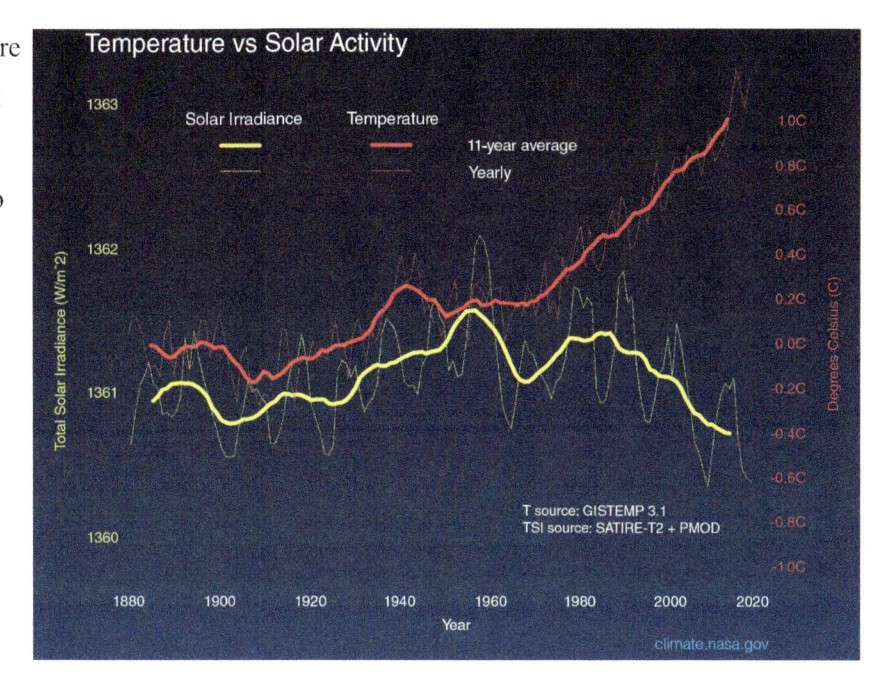

Energia chimica

L'energia legata alle reazioni chimiche è fondamentale per qualsiasi processo che riguardi la vita (chimica organica) o elementi inanimati (chimica inorganica); ne viene data una sintesi perché i sistemi coinvolti sono talmente vasti da non poterli prendere in considerazione in modo dettagliato.

L'energia chimica è una forma di energia interna immagazzinata nei legami chimici. Essa varia nelle reazioni chimiche, che possono produrne un aumento, sfruttando un assorbimento di calore, o una riduzione, frequentemente, con la produzione di calore, attraverso la formazione o rottura dei legami.

È sostanzialmente riconducibile alla somma dell'energia potenziale delle interazioni elettrostatiche delle cariche presenti nella materia più l'energia cinetica degli elettroni.

I legami chimici avvengono per mezzo delle *forza di natura elettrostatica* tra le particelle che compongono gli atomi o le molecole: elettroni con carica negativa e protoni con carica positiva.

Una reazione chimica è una trasformazione della materia che avviene senza variazioni misurabili di massa, in cui una o più specie chimiche (dette "reagenti") modificano la loro struttura e composizione originaria per generare altre specie chimiche (dette "prodotti"). Ciò avviene attraverso la formazione o la rottura dei cosiddetti "legami chimici intramolecolari", cioè attraverso un riassestamento delle forze di natura elettrostatica che intervengono tra i singoli atomi di cui sono costituite le entità molecolari che sono coinvolte nella reazione. Tali forze elettrostatiche sono a loro volta riconducibili all'effetto degli elettroni più esterni di ciascun atomo.

Per verificare che la trasformazione della massa coinvolta in una reazione è davvero piccola e non misurabile il lettore può considerare l'energia che si sviluppa o è assorbita in una qualunque reazione chimica, applicare la formula di Einstein $E = mc^2$ e verificare quanto affermato.

Il legame chimico si può formare tra atomi o molecole diversi, anche con catene molto lunghe, oppure tra atomi eguali:

Esempi di legami tra atomi eguali ed energia.

1. Una molecola di idrogeno viene rotta fornendo alla stessa un'energia di 104 kCal/mol; parimenti due atomi di idrogeno si uniscono spontaneamente per formare una molecola di idrogeno e liberano un'energia di 104 kCal/mol.

2. Un effetto simile al quello del punto 1. si ha nel caso del fluoro, coinvolgendo un'energia minore.

3. In questo caso l'atomo coinvolto è quello del cloro, con un'energia liberata intermedia rispetto agli altri due casi.

Si definisce energia di legame quella necessaria, per unita di mole, a rompere un dato legame, allo stato gassoso.

Ricordiamo che la mole può essere definita in modo semplice come la quantità, espressa in grammi, di una data sostanza, pari alla massa molecolare. *Esempi*:

- 1 mole di vapor d'acqua è pari a 18 g; infatti la formula chimica dell'acqua è H_2O, cioè una molecola è formata da 2 atomi di H e 1 atomo di O; la massa molecolare dell'idrogeno è 1 , quella dell'ossigeno è 16, dunque la massa molecolare risulta 2 x 1 + 16 = 18.

- con un calcolo simile, ricordando che la massa atomica del carbonio (C) è 12, si ottiene che una mole di gas CO_2 corrisponde a 12 + 16 x 2 = 44 g.

Parliamo della rottura del legame dell'acqua, poiché esso interessa la produzione dell'idrogeno, che è un carburante molto interessante, a cui si punta molto, visto che la sua combustione dà luogo all'acqua.

Per scindere l'acqua in idrogeno è necessario far passare una corrente elettrica nell'acqua, resa conduttrice mediante opportuni sali, come ad esempio l'acido solforico (infatti l'acqua puro è troppo poco conduttrice); l'acqua si scinderà secondo la reazione:

$2H_2O \rightarrow 2H_2 + O_2$

Nel corso della reazione i legami O-H si rompono per poi formare spontaneamente i legami H_2 e O_2 ; per rompere i primi è necessario fornire energia, mentre i secondi, come abbiamo visto, si formano spontaneamente, liberando energia.

La prima energia è molto maggiore della seconda per cui bisogna spendere energia per produrre idrogeno mediante l'elettròlisi dell'acqua.

La produzione mediante elettròlisi dell'acqua è quella non inquinante, rispetto ad altri sistemi; si può o meglio si deve, come vedremo meglio più avanti, produrlo utilizzando energia rinnovabile e gratuita, come il fotovoltaico.

Mediamente per produrre un kg di idrogeno occorrono dai 50 ai 65 kWh di energia con il metodo classico. Un elettrolizzatore ad acqua ideale con un'efficienza del 100% consumerebbe 39,4 kWh per kg di idrogeno.

La massima efficienza teorica (rapporto tra il valore energetico dell'idrogeno prodotto e l'elettricità impiegata) è tra l'80% (50 kWh/kg) ed il 94% (42 kWh/kg).

Le reazioni chimiche sono fondamentali per gli esseri viventi; servono a molti scopi tra cui la produzione di energia termica. Molto importanti sono gli enzimi che nelle cellule agiscono come catalizzatori, cioè sostanze che, pur non partecipando alla reazione, la accelerano.

Il ruolo dei catalizzatori è importante anche nelle reazioni non organiche, in particolare nell'industria.

Una reazione chimica importante, di cui abbiamo già parlato, è la combustione che può essere rappresentata con il triangolo del fuoco: un combustibile, tipicamente a base di carbonio, reagisce con un comburente, tipicamente l'ossigeno e si hanno diversi prodotti tra cui l'anidride carbonica; questa reazione libera energia il cui valore dipende dal tipo di combustibile coinvolto; spesso la combustione è accompagnata dalla presenza di una fiamma.

Abbiamo già parlato del potere calorifico di alcune sostanze nella parte relativa alle centrali termoelettriche; il potere calorifico superiore dell'idrogeno è 12,74 MJ / Nm^3, quello inferiore 11,11 MJ / Nm^3.

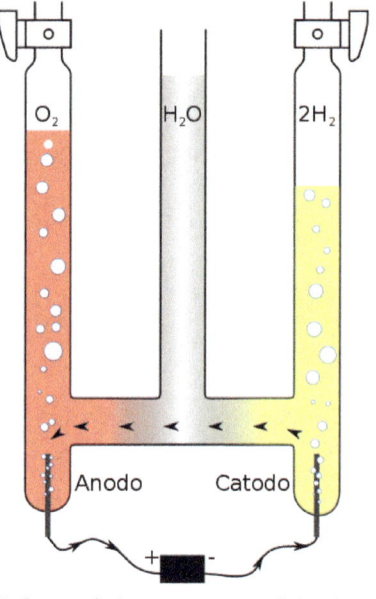

Schema di funzionamento del voltametro di Hofmann, impiegato per realizzare l'elettròlisi dell'acqua.

Accenniamo alla sintesi clorofilliana come esempio di trasformazione di energia solare in chimica e poi termica, ecc.

La capacità di alcuni batteri di utilizzare l'energia del Sole ha permesso la continuazione della vita sulla Terra; essi hanno trasmesso questa capacità alle piante, che sono quindi esseri autotrofi, cioè capaci di sintetizzare il proprio cibo.

$$6CO_2 + 6H_2O + \text{energia luminosa} \rightarrow C_6H_{12}O_6 + 6O_2$$

con $C_6H_{12}O_6$ molecola di glucosio.

Non andremo oltre nel parlare di questa forma d'energia, vista la sua vastità. Ne sottolineiamo ancora la sua grande importanza.

CAPITOLO 8. Le energie rinnovabili

Abbiamo già visto una prima fonte di energia rinnovabile, rappresentata dall'idroelettrica, messa inizialmente solo per motivi didattici. Continuiamo con l'analisi delle rinnovabili.

Energia geotermica

Per energia geotermica si intende quella contenuta, sotto forma di calore, all'interno della Terra. L'origine di questo calore è da mettere in relazione con la natura interna del nostro pianeta e con i processi fisici che vi hanno luogo, in particolare con la liberazione di energia nei processi di decadimento di isotopi radioattivi di alcuni elementi quali uranio, torio e potassio.

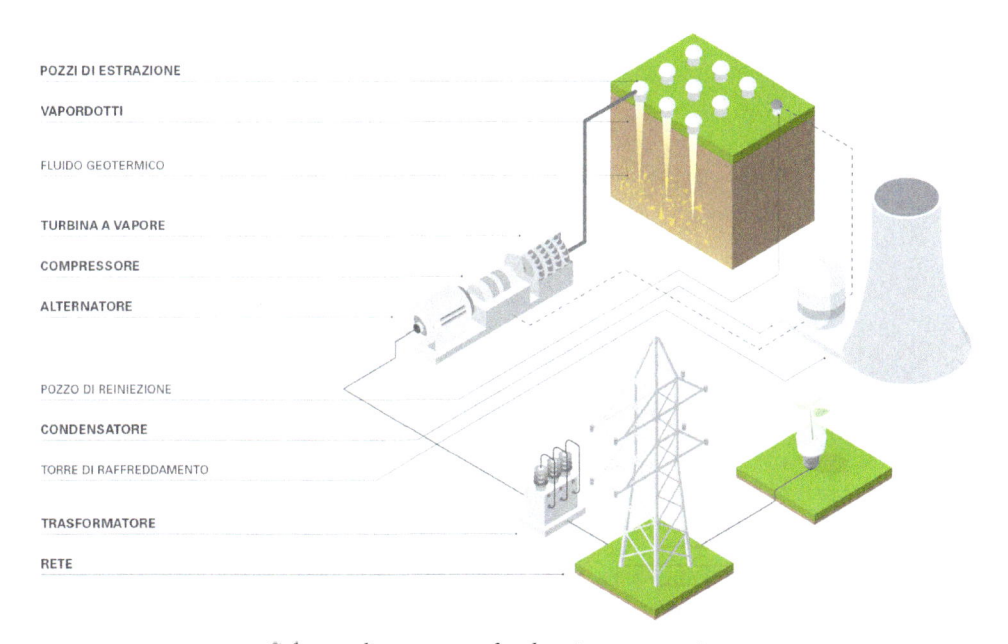

Schema di una centrale elettrica geotermica

Tale calore si dissipa con regolarità verso la superficie terrestre, che emana calore quantificabile in una corrente termica media di 0,065W/m². Il gradiente termico è in media di *3 gradi centigradi ogni 100 metri* di profondità ovvero di 30 gradi ogni km, anche se, essendo influenzato dal diverso spessore della crosta terrestre e delle diverse situazioni geologiche, tale gradiente può variare da zona a zona.

Poiché la superficie della Terra non è continua, ma costituita da un insieme di placche adiacenti, in moto una rispetto all'altra secondo la teoria della tettonica a placche, in presenza di discontinuità della superficie, cioè di assottigliamenti o fratture della crosta terrestre, questa grande quantità di energia proveniente dal sottosuolo può essere trasferita in superficie in modo più efficace e visibile generando fenomeni fisici come il vulcanismo, i soffioni, i geyser e le sorgenti termali.

Toscana, Lazio, Campania e l'antistante zona tirrenica sono caratterizzate da un locale assottigliamento della crosta terrestre e un elevato flusso di calore e costituiscono quindi un'area privilegiata per lo sfruttamento di questo tipo di energia.

Essa può essere utilizzata sia come fonte di produzione di energia elettrica che, direttamente, come fonte di calore secondo il processo della cogenerazione. Fu utilizzata per la prima volta per la produzione di elettricità il 4 luglio 1904, in Italia, ad opera del principe Piero Ginori Conti, il quale sperimentò il primo generatore geotermico a Larderello, in Toscana; in seguito furono create delle vere e proprie centrali geotermiche.

Quindi, oltre alla produzione di energia elettrica, a seconda della temperatura del fluido geotermico, sono possibili svariati impieghi tra cui acquicoltura (max 38°C), sericoltura (38-80°C), teleriscaldamento (80-100°C). [*da ARPAT*].

Essa costituisce al giorno d'oggi meno dell'1% della produzione mondiale d'energia, anche se la sue potenzialità, con tecnologie innovative, sarebbero enormi.

È noto l'utilizzo delle sorgenti calde per la balneazione sin dai tempi antichi: ad esempio le terme etrusche nel complesso di Sasso Pisano a Castelnuovo di Val di Cecina e le terme romane in vari luoghi.

Non entreremo qui nelle varie forme con si formano i vari soffioni, perché questi esula dallo scopo del presente libro; facciamo un solo due esempi per mettere in evidenza come si formino le sorgenti di acqua calda o vapore e, in seguito come sono utilizzate.

Le due immagini di lato, la prima relativa al *Sistema Idrotermale* e la seconda relativa al *Sistema Magmatico* son chiare e non hanno bisogno di particolari spiegazioni.

In riferimento all'immagine che segue, mostrante uno schema di utilizzo dell'energia geotermica, è necessario fare le considerazioni che seguono, prese da wikipedia.

Attualmente la quasi totalità dei sistemi geotermici sfruttati a livello industriale sono i *sistemi convenzionali*. I *sistemi idrotermali* che li rappresentano sono costituiti da formazioni rocciose porose e permeabili in cui l'acqua piovana e dei fiumi si infiltra e viene riscaldata da rocce ad alta temperatura per la presenza di una fonte di calore di origine magmatica in profondità. Le temperature raggiunte variano dai 50-60 °C fino ad alcune centinaia di gradi.

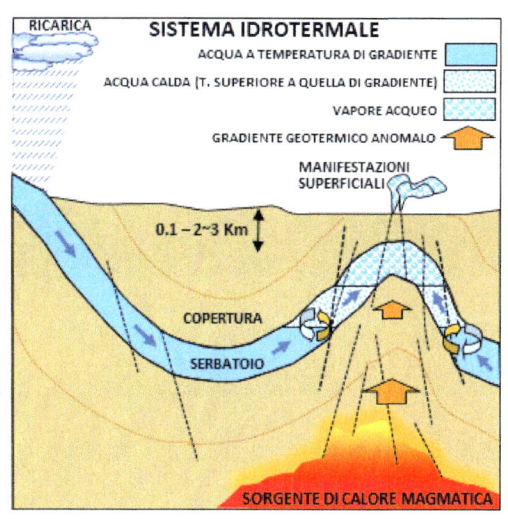

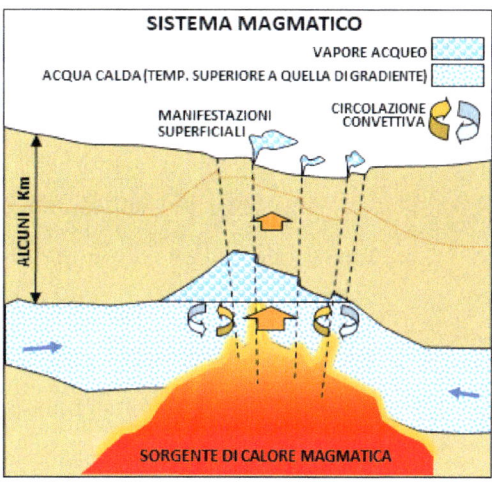

da wikipedia

Per sistemi di questo tipo sono necessari quattro elementi fondamentali:

1. una sorgente di calore, di solito un'intrusione magmatica entro la crosta superiore, che faccia aumentare localmente il gradiente geotermico;

2. un serbatoio geotermico, costituito da rocce porose e permeabili , in cui acqua e/o vapore possano circolare;

3. una copertura, cioè una sequenza di rocce impermeabili (ad esempio argille) soprastanti il serbatoio, che lo sigillino impedendo la dispersione dell'acqua o del vapore in superficie.

| BATOLITE (FONTE DI CALORE) | ROCCIA DI COPERTURA | ACQUA FREDDA | CORRENTI CONVETTIVE | FAGLIE |
| BASAMENTO | ROCCIA SERBATOIO | ACQUA CALDA | | |

da wikipedia

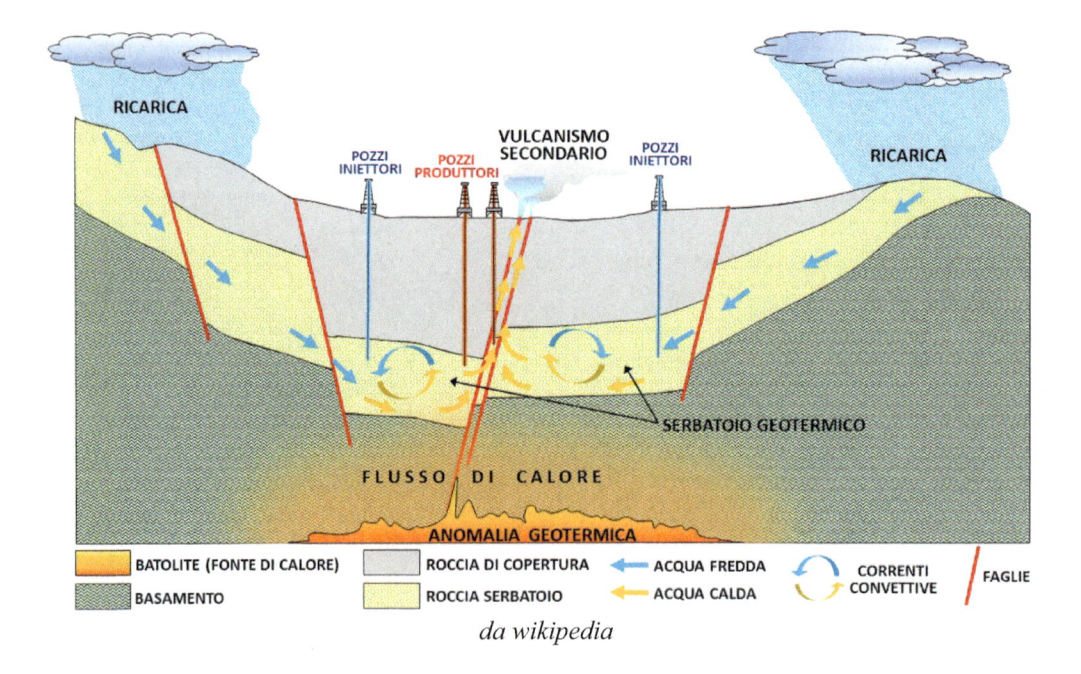

4. un'area di ricarica in superficie, dove le acque meteoriche possano almeno in parte infiltrarsi nel sottosuolo e alimentare il serbatoio. Tra l'area di ricarica superficiale e il serbatoio presente in profondità deve esserci continuità fisica e idraulica (cioè devono essere collegate tramite formazioni rocciose a loro volta porose e permeabili, oppure da strutture tettoniche che siano in grado di convogliare fluidi, come fratture e faglie), in modo che si possa instaurare un meccanismo idrogeologico di ricarica del serbatoio che consenta il ripristino dei fluidi persi per le emissioni naturali e per le attività produttive. La ricarica avviene di solito in aree ove le rocce serbatoio affiorano in superficie e che possono trovarsi anche a notevole distanza (chilometri o decine di chilometri) rispetto al serbatoio geotermico.

Lo sfruttamento dell'energia geotermica si può avere in tre modi; geotermia a:

1. *alta entalpia*;
2. *media entalpia*;
3. *bassa entalpia*.

▶Il concetto di entalpia viene definito in fisica come

$$H = U + p \cdot V$$

essendo H l'entalpia posseduta da un sistema termodinamico, U l'energia interna del sistema, p la pressione e V il volume; essa è espressa in Joule nel SI.

In pratica fornisce l'energia che un sistema può scambiare con l'ambiente esterno.

Una formula semplificata per calcolare la variazione d'entalpia da uno stato A ad uno stato B, nel caso di gas perfetti e di calori molari c_p (a pressione costante) e c_v (a volume costante) costanti è:

$$\Delta H = n \cdot c_p \cdot \Delta T$$

essendo n il numero delle moli e Δ nel significato di variazione di … , nel nostro caso variazione di temperatura . ◄

Abbiamo visto che l'entalpia costituisce l'energia che un sistema può scambiare con l'esterno.

Geotermia ad alta entalpia

Deriva da sistemi geotermici ad elevata temperatura (> 150 °C), in cui i fluidi di interesse geotermico sono prevalentemente in stato di vapore secco o di acqua pressurizzata ad alta temperatura. Da questi sistemi geotermici si estrae vapore ad alta temperatura e forte pressione sfruttato soprattutto per la *produzione di energia elettrica*, mediante impianti a vapore dominante. Ripetiamo lo schema già utilizzato per le centrali termoelettriche; il vapore generato è utilizzato per muovere una turbina che, abbinata ad un alternatore, genera energia elettrica.

Figura 35. Schema di un impianto ad acqua dominante con ciclo binario.

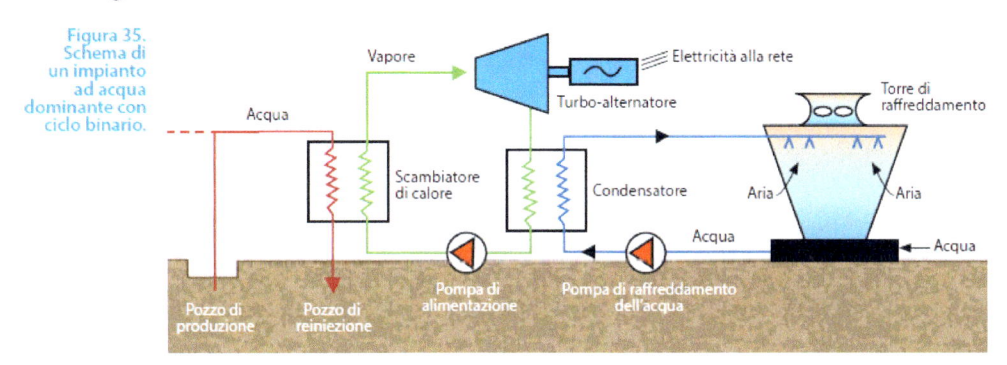

Geotermia a media entalpia

Da sistemi geotermici con temperatura compresa tra 90 °C e 150 °C. In questo caso i fluidi geotermici sono vapore umido e/o acqua calda. È ancora possibile la produzione di energia elettrica mediante impianti a ciclo binario. Questo tipo di geotermia si presta bene all'uso diretto dell'energia termica per *teleriscaldamento*, con l'utilizzo di centrali ad acqua dominante (a scambiatore di calore) per riscaldare abitazioni e infrastrutture, collegate in una rete di distribuzione. I fluidi geotermici esausti vengono di nuovo iniettati nel sottosuolo per mantenere la produzione.

Centrale geotermica di Ferrara (ad acqua dominante)

Le acque calde vengono prelevate a circa 2.000 m di profondità, a 100 °C. In questo caso le acque calde di sottosuolo vengono impiegate per il teleriscaldamento di abitazioni e infrastrutture (tramite uno scambiatore di calore), e le acque ormai raffreddatesi vengono iniettate di nuovo in profondità nel serbatoio per mantenere la pressione e la produzione

Geotermia a bassa entalpia

(T < 90 °C): questa forma di energia geotermica non ha una temperatura sufficientemente elevata per consentire la produzione di energia elettrica, ma viene utilizzata per il riscaldamento o il raffrescamento di abitazioni, strutture pubbliche e industriali.

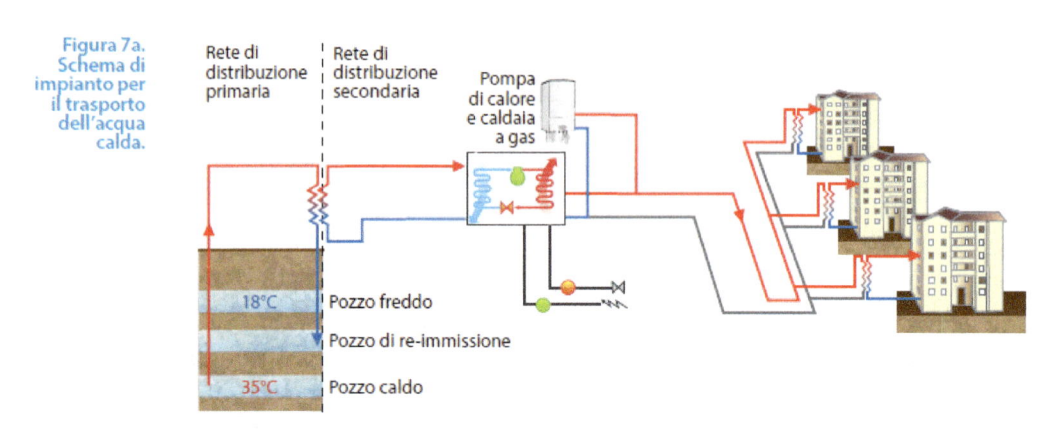

Figura 7a. Schema di impianto per il trasporto dell'acqua calda.

Infatti, non ha a che fare con sorgenti di calore di tipo magmatico e con anomalie del gradiente geotermico, ma, nella maggior parte dei casi, sfrutta la proprietà del terreno di mantenere una temperatura costante durante l'anno, oltre una certa profondità; si basa sullo scambio di energia termica tra il terreno (a basse profondità, generalmente minori di 300 m) e la struttura di cui si vuole modificare la temperatura.

In inverno, il calore viene trasferito dal terreno all'ambiente da riscaldare, mentre in estate il calore viene estratto dall'ambiente per essere immesso nel terreno. Per ottenere questo trasferimento di energia termica, viene utilizzata una macchina termica chiamata *pompa di calore* di cui abbiamo già parlato e di cui specificheremo il modo di funzionare.

Sono in essa presenti:

1. un **evaporatore**, in pratica uno scambiatore di calore, che sottrae calore all'ambiente in cui si trova e il liquido passa allo stato di vapore;

2. un **compressore** che ha il compito di produrre il lavoro necessario al trasferimento del calore e aumenta la pressione e la temperatura del vapore;

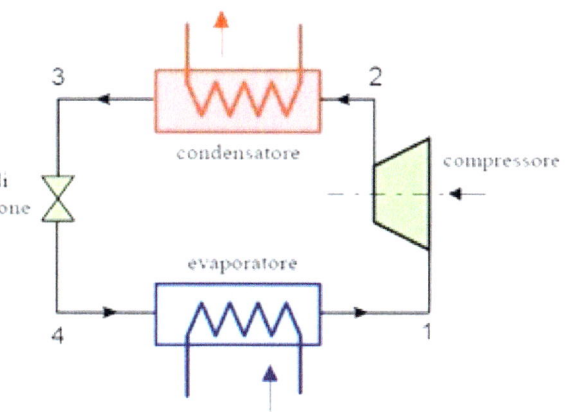

Schema di funzionamento di una pompa di calore

3. un **condensatore** che riceve il gas dal compressore il quale scambia calore, cedendolo, con l'ambiente esterno;

4. una **valvola di laminazione** in cui il gas si espande e si raffredda e il ciclo termodinamico può ricominciare.

In genere il compressore ha un'alimentazione elettrica.

Il ciclo della pompa di calore può essere invertito con lo scopo di raffrescare invece che riscaldare.

Il **COP** della pompa di calore è tanto più alto quanto minore è la temperatura del fluido del condensatore e quanto più alta è la temperatura dell'evaporatore.

Nella figura a lato è rappresentato l'utilizzo della pompa di calore con evaporatore nel terreno, che garantisce una temperatura costante e idonea a un buon COP. Per quanto detto sopra in riscaldamento si usano sistemi con temperature massime di 50 ÷ 55 °C: nell'esempio pannelli radianti a pavimento, con temperature tipiche intorno ai 40 °C.

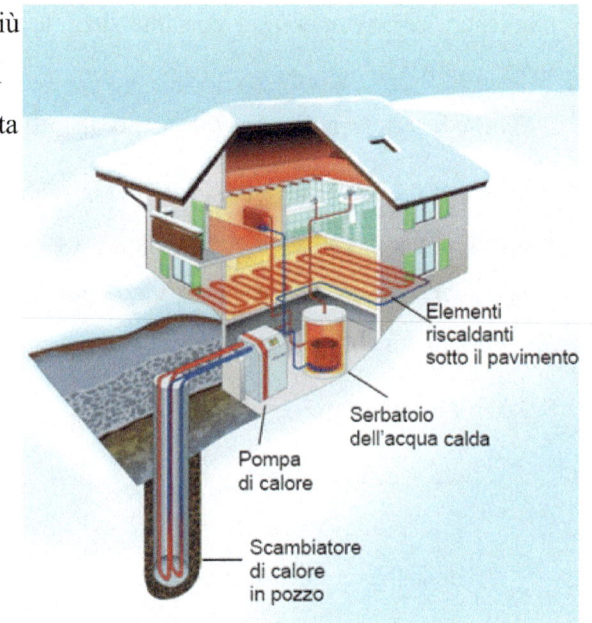

Nella figura che segue viene mostrata una tabella (con nome originale table 3) che indica la produzione mondiale di energia geotermica, suddivisa per paesi.[*Gerald W. Huttrer, report del 2020*].

Si nota come l'Italia si colloca all'ottavo posto a livello mondiale, con 915,5 MWe installati [MW elettrici].

La produzione di energia geotermica è iniziata a Lardarello nel 1904. Al 2018 sono presenti 37 impianti di generazione dislocati nelle tre principali campi di Lardarello, Monte Amiata e Travali-Radicondoli. La capacità totale installata è come già detto di 915,5 MWe, la produzione netta è di 807 MWe, utilizzando più di 500 pozzi, e la potenza lorda erogata alla rete è di 6.105 GWh/anno. La geotermia comprende solo il 2,1% della produzione italiana di energia elettrica, ma fornisce oltre il 30% dell'energia elettrica necessaria alla regione Toscana.

L'Italia ha un potenziale di energia geotermica estraibile e sfruttabile che si stima valga tra i 500 milioni e i 10 miliardi di tonnellate di petrolio equivalente. Vale a dire, tra i

5.800 e i 116mila Twh di energia, a fronte di un fabbisogno annuo di poco superiore ai 300 TWh. Insomma, basterebbe estrarre una piccola frazione di quell'energia per soddisfare interamente tutta la domanda interna.

La regione che più di tutte rappresenta la geotermia italiana è la Toscana; tutto ciò che è esterno rispetto alla Toscana ha una rilevanza quasi nulla come impatto in termini assoluti sul bilancio energetico italiano benché, almeno sulle mappe, la Sicilia e parte della Campania (incluse alcune aree marine) abbiano potenzialità confrontabili con quelle toscane e ci siano altre opportunità tra Basilicata, Veneto e Sardegna (con sistemi geotermici migliorati, EGS), ma anche tra Emilia Romagna, Puglia e Abruzzo per sistemi geopressurizzati.

Il rendimento di una centrale geotermica varia attualmente tra il 33% ed il 50%, con tendenza ad aumentare.

Table 2: Geothermal power and energy generation statistics for 2015 through 2020

Country	Installed. MWe 2015	Energy GWh/yr. 2015	Installed MWe 2020	Energy GWh/yr. 2020	Forecast for 2025 MWe	MWe Increase since 2015
Argentina	0.00	0.00	0.00	0.00	30.00	0.00
Australia	1.10	0.50	0.62	1.70	0.31	-0.48
Austria	1.40	3.80	1.25	2.20	2.20	-0.15
Belgium	0.00	0.00	0.80	2.00	0.20	0.80
Chile	0.00	0.00	48.00	400.00	81.00	48.00
China	27.00	150.00	34.89	174.60	386.00	7.89
Costa Rica	207.00	1,511.00	262.00	1,559.00	262.00	55.00
Croatia	0.00	0.00	16.50	76.00	24.00	16.50
El Salvador	204.00	1,442.00	204.00	1,442.00	284.00	0.00
Ethiopia	7.30	10.00	7.30	58.00	31.30	0.00
France	16.00	115.00	17.00	136.00	~25	1.00
Germany	27.00	35.00	43.00	165.00	43.00	16.00
Guatemala	52.00	237.00	52.00	237.00	95.00	0.00
Honduras	0.00	0.00	35.00	297.00	35.00	35.00
Hungary	0.00	0.00	3.00	5.30	3.00	3.00
Iceland	665.00	5,245.00	755.00	6,010.00	755.00	90.00
Indonesia	1,340.00	9,600.00	2,289.00	15,315.00	4,362.00	949.00
Italy	916.00	5,660.00	916.00	6,100.00	936.00	0.00
Japan	519.00	2,687.00	550.00	2,409.00	554.00	31.00
Kenya	594.00	2,848.00	1,193.00	9,930.00	600.00	599.00
Mexico	1,017.00	6,071.00	1,005.80	5,375.00	1,061.00	-11.20
Nicaragua	159.00	492.00	159.00	492.00	159.00	0.00
N. Z.	1,005.00	7,000.00	1,064.00	7,728.00	200.00	59.00
P.N.G.	50.00	432.00	11.00	97.00	50.00	-39.00
Philippines	1,870.00	9,646.00	1,918.00	9,893.00	2,009.00	48.00
Portugal	29.00	196.00	33.00	216.00	43.00	4.00
Russia	82.00	441.00	82.00	441.00	96.00	0.00
Taiwan	0.10	1.00	0.30	2.60	162.00	0.20
Turkey	397.00	3,127.00	1,549.00	8,168.00	2,600.00	1,152.00
USA	3,098.00	16,600.00	3,700.00	18,366.00	4,313.00	602.00

Table 3 – Ten nations having the most installed geothermal power generation in 2020

Country	MWe Installed in 2020	Country	MWe Installed in 2020
1. U.S.A	3,700	6. Mexico	1,105
2. Indonesia	2,289	7. New Zealand	1,064
3. Philippines	1,918	8. Italy	916
4. Turkey	1,549	9. Japan	550
5. Kenya	1,193	10. Iceland	755

Specificando meglio per l'Italia, si riportano tabelle e grafici presi dall'UGI (Unione Geotermica Italiana).

	Settore geotermoelettrico in Italia (anno 2018)		Produzione Elettrica Totale in Italia (anno 2018)		Contributo in % della geotermia alla produzione totale	
	Capacità Installata (MW$_e$)	Produzione lorda (GWh$_e$/anno)	Capacità Efficiente Lorda (MW$_e$)	Produzione lorda (GWh$_e$/anno)	Capacità (%)	Produzione (%)
Dicembre 2018	915.3[1] 813,3[2]	6105,4	118117	289708	0.69	2.1
In costruzione a dicembre 2018	20.0	140.0				
Proiezione al 2020	935.5[1]					
Proiezione al 2025	975.5[3] 919.0[4]	6900[4]				

Nella tabella che segue sono forniti i dati relativi all'utilizzo a bassa entropia per il riscaldamento e raffrescamento, gli usi termali ecc., come spiegato sopra.

Usi diretti: ripartizione dei settori di applicazione

Tabella 1: Tabella riassuntiva degli usi diretti del calore geotermico al 31 dicembre 2017 in Italia.

Settori di applicazione	Capacità (MW$_t$)			Energia (TJ/anno)			Fattore di capacità		
	Totale	GSHPs	DHs	Totale	GSHPs	DHs	Totale	GSHPs	DHs
Riscaldamento edifici	739	515	149	4566	3165	853	0.20	0.19	0.19
Balneologia	456	-	-	3501	-	-	0.24	-	-
Usi agricoli	80	13	-	656	75	-	0.26	0.18	-
Acquacoltura	130	-	-	2019	-	-	0.49	-	-
Processi Industriali Calore per usi minori	20	4	1	174	25	10	0.28	0.20	0.32
TOTALE	1424	532	150	10915	3265	863	0.24	0.19	0.19

GSHP – Pompe di calore geotermiche; DHs – Reti di teleriscaldamento

Il fattore di capacità rappresenta il rapporto tra l'energia fornita e quella che avrebbe potuto fornire in funzionamento continuo; dà cioè il tempo di utilizzo.

Lo stesso discorso vale per i diagrammi a torta rappresentati dopo la tabella.

POTENZA GEOTERMICA INSTALLATA
MWt (Anno 2017)

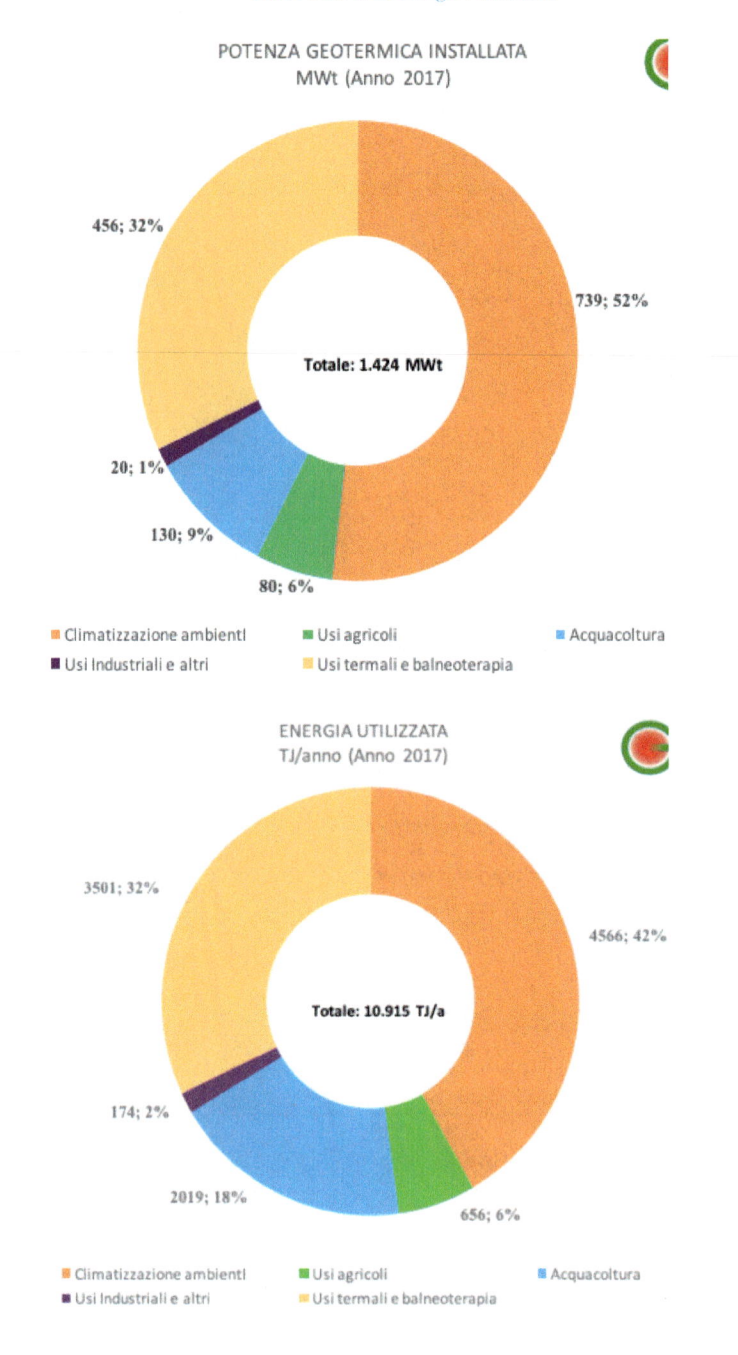

- 739; 52%
- 456; 32%
- 130; 9%
- 80; 6%
- 20; 1%

Totale: 1.424 MWt

- Climatizzazione ambienti
- Usi agricoli
- Acquacoltura
- Usi Industriali e altri
- Usi termali e balneoterapia

ENERGIA UTILIZZATA
TJ/anno (Anno 2017)

- 4566; 42%
- 3501; 32%
- 2019; 18%
- 656; 6%
- 174; 2%

Totale: 10.915 TJ/a

- Climatizzazione ambienti
- Usi agricoli
- Acquacoltura
- Usi Industriali e altri
- Usi termali e balneoterapia

Usi in cascata dell'energia geotermica

Non è raro che diverse applicazioni geotermiche nei settori industriali e/o agricoli richiedano temperature dei fluidi differenti per avviare i processi produttivi: tale varietà o diversificazione può essere messa a frutto nella realizzazione di sistemi in cascata, che aumentano così il fattore di utilizzo della risorsa geotermica.

Infatti, in un sistema dove diversi impianti siano collegati in serie alla stessa risorsa, ciascun impianto può utilizzare il calore residuo dell'acqua scaricata dall'impianto precedente.

In Italia, un sistema a cascata è stato realizzato a Rodigo (MN) dove l'acqua erogata da un pozzo a 59 °C viene anzitutto utilizzata per riscaldare un impianto serricolo, per poi, scaricata dalle serre a 38 °C, alimentare un impianto per acquacoltura.

Nella figura sottostante viene fornito uno schema di principio del possibile utilizzo a cascata dell'energia geotermica.[*da una pubblicazione dell'UGI*]

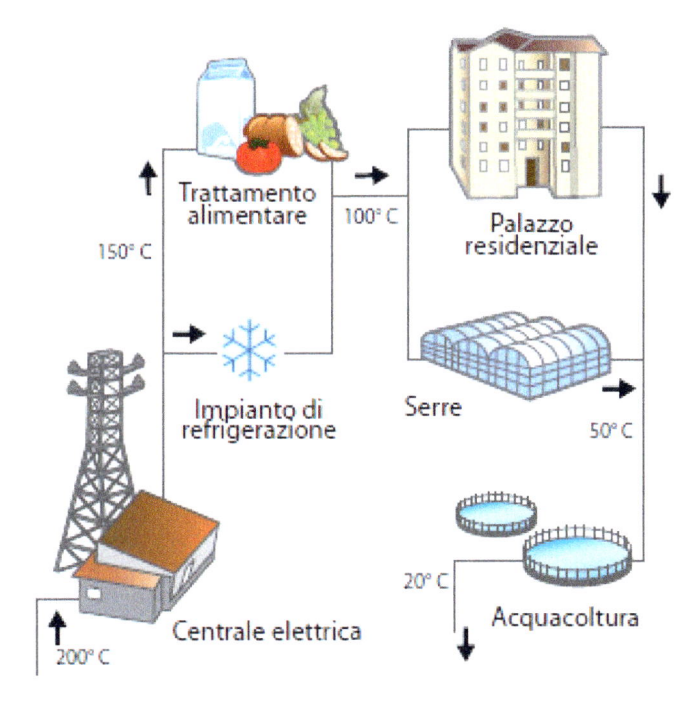

Figura 38. Schema di un sistema a cascata. Il fluido geotermico, inizialmente a 200 °C, viene re-iniettato nel sottosuolo a 20 °C solo dopo essere stato utilizzato in impianti a temperatura decrescente.

Vantaggi e svantaggi del geotermico

Energia geotermica: vantaggi

È una fonte pulita e rinnovabile che permette di abbattere la produzione di anidride carbonica, di polveri sottili e di altre sostanze tossiche che sono la causa dell'effetto serra e che contribuiscono al cambiamento climatico. In particolare:

- maggior produzione di energia elettrica; l'energia geotermica può funzionare senza sosta e quindi *fornire energia con continuità* , a differenza di altre rinnovabili come il fotovoltaico: cioè in modo indipendente dalla stagione, dal clima, dall'alternanza tra notte e giorno. Fornisce quindi più energia a parità di potenza.

- Grazie al riciclo del vapore prodotto, tutto lo scarto di produzione viene rimesso in circolo, ottenendo così un risparmio in termini economici.

- È un energia praticamente gratuita.

- Evita emissioni aggiuntive di gas-serra , oltre a ridurre il consumo di acqua spesso necessario per far funzionare centrali elettriche a combustibili fossili. Secondo un rapporto dell'Unione Europea, per ogni chilowattora di energia geotermica si risparmiano 260 grammi di CO_2 rispetto a una centrale a gas, 705 grammi rispetto a una a petrolio e 860 grammi rispetto al carbone.

- Non necessita di grandi spazi.

- Gli impianti sono silenziosi.

- Crea più occupazione indotta a parità di potenza rispetto agli altri impianti tradizionali.

- Gli impianti sono longevi, sicuri e affidabili: la durata media della vita utile è molto lunga, e può arrivare fino a 80 ÷ 100 anni.

- Richiede poca manutenzione: soprattutto per le applicazioni domestiche, un impianto geotermico non richiede manutenzioni specifiche. Dato che si tratta di un sistema a circuito chiuso, la pressione dei fluidi nelle tubature si mantiene da sé, e il numero di elementi elettrici e meccanici che possono avere un guasto è molto limitato.

- Il calore della terra può anche raffrescare: un impianto geotermico è predisposto sia per il riscaldamento sia per il raffrescamento. Per questo, oltre che nelle grandi centrali, il geotermico è installabile in qualsiasi tipo di edificio: dalle abitazioni ai centri commerciali, dagli uffici agli edifici pubblici e fino ai centri sportivi.

- Altri vantaggi anche per la casa : oltre a rinfrescare d'estate e a riscaldare d'inverno, il geotermico applicato all'ambiente domestico ha molti altri vantaggi. Per esempio, riduce il consumo di energia complessivo tra il 30 e il 70%, perché può svolgere anche la funzione di caldaia o boiler, ossia di riscaldamento dell'acqua da utilizzare per la cucina e il bagno.

Energia geotermica: svantaggi

- È difficile individuare i giacimenti. Dal geotermico deriva solo l'1% della produzione mondiale di energia, questo perché i giacimenti sono dispersi e a profondità elevate, da cui non sempre è possibile attingere.

- Odore sgradevole. Infinitamente meno che in passato. Lo sgradevole odore tradizionalmente associato alla geotermia e alle acque termali è dovuto all'*acido solfidrico* (H_2S) che proviene dal sottosuolo. A oggi in tutte le centrali è installato un sistema di abbattimento dell'acido solfidrico che, grazie a filtri e tecnologie di contenimento, blocca il 99% circa delle emissioni. La piccola parte restante può essere rilasciata nell'aria dalle torri refrigeranti, superando solo raramente la soglia di percettibilità delle persone più sensibili, fissata a 4 microgrammi al metro cubo. I superamenti sono ormai limitati a eventi eccezionali, e in ogni caso si resta abbondantemente al di sotto del limite di attenzione fissato.

- Alti costi iniziali. Mettere su un impianto di questo tipo può essere parecchio costoso e non tutti i terreni sono adatti a ospitarne uno. A seconda della presenza di contributi e delle caratteristiche dell'impianto, le stime per il recupero dell'investimento iniziale variano da 4 a 10 anni.

- Impatto negativo sul paesaggio, sopratutto per i grandi impianti, dovuto alle torri di raffreddamento, alle turbine e alle tubazioni del vapore. Il rischio di impatto a livello paesaggistico è sempre più mitigato grazie a soluzioni di bioarchitettura, che integrano le installazioni nell'ambiente naturale e fanno uso di materiali non inquinanti.

- Effetti sulla stabilità del terreno. Sono rari ma comunque da tenere in considerazione. In Svizzera, ad esempio, una centrale è stata chiusa perché ritenuta responsabile di scosse di terremoto.

Centrale geotermoelettrica dell'ENEL

L'energia solare

Abbiamo visto che essa rappresenta una forma di energia elettromagnetica, quella compresa nella gamma delle frequenze delle onde e.m. emesse dal Sole; rappresenta la maggior parte dell'energia presente sulla Terra ed oltre a determinare l'elemento fondamentale della sintesi clorofilliana, essa determina il clima sul nostro pianeta.

A livello tecnologico si può utilizzare tale forma di energia tramite vari dispositivi che possono essere suddivisi in due categorie:

1. solare termico;
2. solare fotovoltaico.

I primo sfruttano un fenomeno noto: un liquido, in particolare l'acqua, si scalda se investito dalla luce solare.

Il secondo sfrutta un fenomeno, tipico delle giunzioni p-n, di generare corrente elettrica se colpiti dalla luce del Sole.

Solare termico

L'acqua ha una capacità termica elevata che le permette di scambiare più calore di altre sostanze, a parità di aumento o diminuzione della sua temperatura; oppure di contenere la variazione di temperatura a parità di calore scambiato.

▶ Si definisce **capacità termica** di un corpo $C_T = \dfrac{Q}{\Delta T}$ essendo Q il calore che il corpo scambia e ΔT la conseguente variazione di temperatura; si definisce **calore specifico** di una sostanza $C_s = \dfrac{Q}{m \Delta T}$ essendo m la massa della sostanza.

Per elementi omogenei si usa il secondo, per composti la prima.

Dalle definizioni si ha $C_S = \dfrac{C_T}{m}$ cioè il calore specifico è la capacità termica per unità di massa.

Esempio numerico

Supponiamo di fornire 100.000 J di energia ad 1 kg di acqua e a 1 kg di ferro.

Il calore specifico dell'acqua è di 4.186 J/kg ; quello del ferro è 449 J/kg.

Per l'acqua si ha un aumento di temperatura $\Delta T = \dfrac{100.000}{1 \times 4.186} = 23,9°C$

Per il ferro si ha un aumento di temperatura $\Delta T = \dfrac{100.000}{1 \times 449} = 222,7°C$

Si noti l'aumento contenuto della temperatura dell'acqua rispetto al ferro, a parità di calore scambiato. ◄

L'acqua presente in un bollitore ha quindi il duplice scopo: ci permette di lavarci ed è capace di immagazzinare una grande quantità di calore.

I pannelli solari termici si dividono in tre categorie:

1. impianti a basse temperature (fino a 120 °C); uso civile;
2. impianti a medie temperature (ca. 350 °C); piccole e medie industrie;
3. impianti ad alte temperature (ca. 1000 °C) che trovano applicazione soprattutto nei grossi impianti industriali.

Principio di funzionamento

I collettori assorbono la luce del sole tramite l'assorbitore, spesso costituito da una piastra nera in cui sono ricavati dei tubi; qui uno speciale fluido termovettore viene riscaldato; una pompa trasporta il fluido verso lo scambiatore di calore del bollitore solare.

Qui l'energia termica viene trasmessa ad un serbatoio di stoccaggio; nel caso in cui la radiazione solare dovesse risultare insufficiente a riscaldare

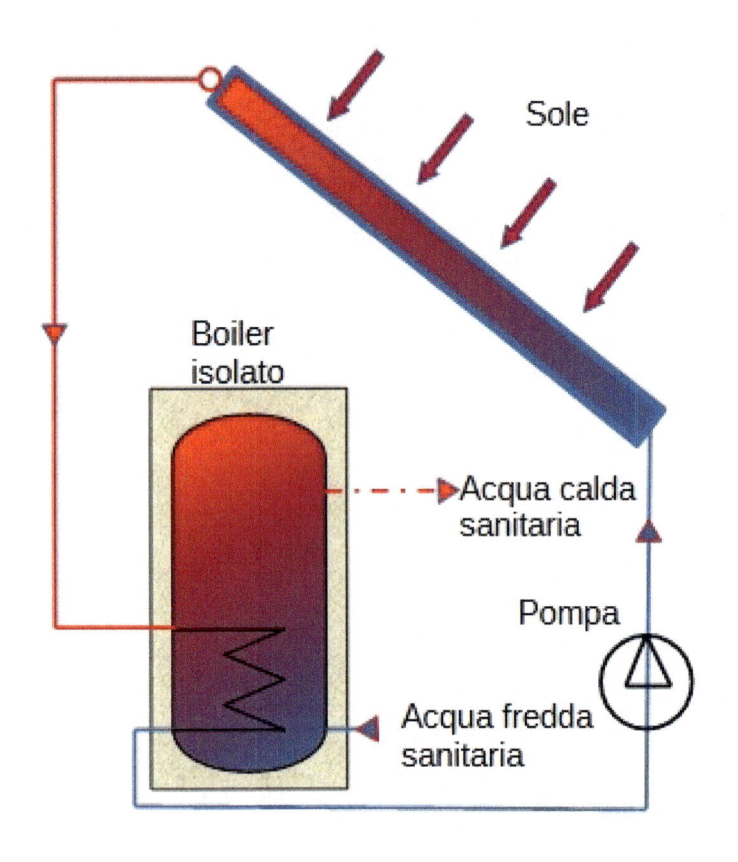

Elaborazione Campioni

l'acqua, un sistema di riscaldamento convenzionale porterà il serbatoio di stoccaggio alla temperatura desiderata.

Un sistema solare termico fornisce, a seconda del dimensionamento dell'impianto, una media annuale di circa il 60% dell'energia necessaria alla produzione di acqua calda sanitaria; naturalmente i vantaggi e i rendimenti maggiori si hanno nella stagione più calda.

In aggiunta alla produzione di acqua calda sanitaria, il fluido riscaldato nei collettori può essere utilizzato per integrare il sistema di riscaldamento. Questo metodo fornisce un supporto al generatore di calore usato per il riscaldamento degli ambienti contribuendo ad innalzare la temperatura del fluido riscaldante. Non entreremo nel dettaglio dei vari schemi circuitali che possono essere utilizzati a seconda delle necessità perché non necessari per lo scopo del libro.

Come per le pompe di calore, i sistemi ottimali per il riscaldamento sono gli impianti a bassa temperatura, come i pannelli radianti a pavimento o a parete, che richiedono temperature attorno ai 40 °C; in alternativa si possono usare i ventilconvettori con temperature massime di circa 55 °C; più alta è la temperatura del fluido riscaldante e più alte sono le perdite dell'impianto con conseguente calo del rendimento dello stesso.

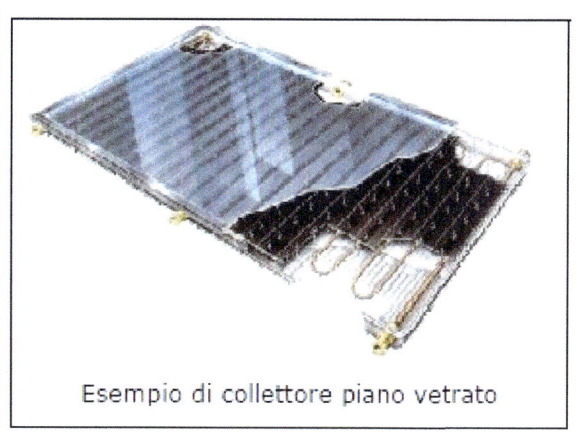

Esempio di collettore piano vetrato

Enea

I collettori solari per uso civile sono essenzialmente di due tipi:

- collettori a lastra piana;
- collettori solari a tubo sotto vuoto.

La principale caratteristica del collettore a lastra piana è la superficie nera dell'assorbitore che è orientata verso il sole. Il rivestimento della superficie dell'assorbitore è stato progettato in maniera che assorba il massimo delle radiazioni e rifletta soltanto una piccola quantità di energia. L'energia assorbita è trasferita al fluido termovettore che circola nei tubi al di sotto della superficie dell'assorbitore.

Nei collettori a lastra piana il materiale utilizzato per l'isolamento dell'assorbitore è la lana di roccia o schiuma di poliuretano; esso è posizionato nella parte posteriore del collettore.

I vantaggi dei collettori a lastra piana: costo contenuto, bassi costi di manutenzione e riparazione ed essere

Esempio di collettore sottovuoto
Enea

idoneo per sistemi a bassa temperatura, cioè per fornire acqua calda o integrare il riscaldamento a pavimento.

Collettori solari a tubi sottovuoto → Alti rendimenti solari dei tubi.

Il principio funzionale dei collettori a tubi sottovuoto è lo stesso dei collettori a lastra piana. Essi assorbono bene la radiazione solare tramite l'assorbitore e poi la trasferiscono in forma di energia termica ad un fluido.

Tuttavia, rispetto ai collettori a lastra piana, il collettore a tubi sottovuoto utilizza l'ottima capacità di isolamento del vuoto. Inoltre uno specchio viene montato al di sotto dei singoli tubi per concentrare la luce del sole verso il tubo di assorbimento.

I vantaggi dei collettori a tubi sottovuoto: maggiore rendimento, funzionamento sia con meno luce del sole che con luce diffusa, minor ingombro del tetto a parità di rendimento. Può essere utilizzato anche su superfici non orientate verso sud; producendo temperature più alte, può essere integrato in sistemi di riscaldamento ad alta temperatura. Naturalmente hanno costi maggiori. Esistono anche collettori piani *non vetrati*, utilizzati nei mesi estivi, per la mancanza di isolamento termico; hanno evidentemente bassi costi.

Centrale solare termoelettrica

E' in parte simile a quelle tradizionali termoelettriche; nella parte finale sfrutta il vapore prodotto per alimentare una turbina che accoppiata ad un alternatore produce energia elettrica; differisce nella parte energetica di produzione del vapore perché si avvale dell'energia del Sole. Tali impianti prendono anche il nome di impianti solare termodinamici o centrali solari a concentrazione.

Il funzionamento del riscaldatore è semplice: le tubazioni che portano il fluido termovettore sono poste nel punto focale di specchi parabolici che concentrano i raggi ricevuti sul tubo stesso aumentando notevolmente l'efficienza del sistema; ricorda molto l'uso che da ragazzi facevamo delle lenti per bruciare una zona di un foglio di carta per mezzo dei raggi solari.

Lo stesso principio viene applicato nelle antenne paraboliche per la trasmissione o ricezione di un'onda radio, ponendo l'alimentatore (feeder) nel punto focale.

Si può produrre elettricità anche in limitati periodi di assenza della fonte energetica primaria, durante la notte o con cielo coperto da nuvolosità, grazie alla possibilità di accumulo del calore in appositi serbatoi, ponendo almeno parziale rimedio ai limiti fisici di continuità/intermittenza imposti da tale tipo di fonte energetica.

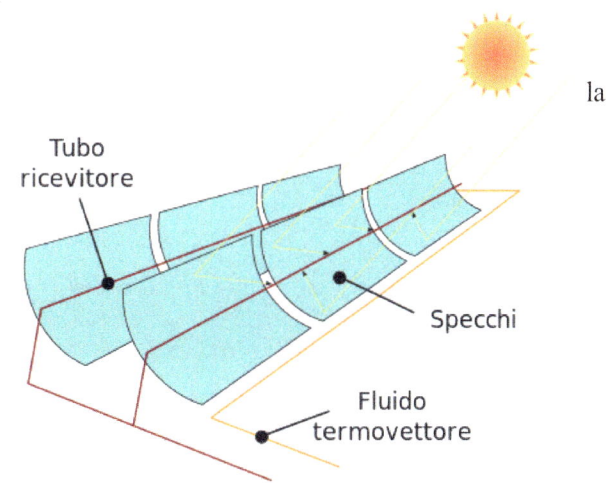

Questa tipologia di impianto genera medie ed alte temperature (600 °C e oltre) permettendone l'uso in applicazioni industriali come la generazione di elettricità e/o come calore per processi industriali, permette cioè la *cogenerazione*.

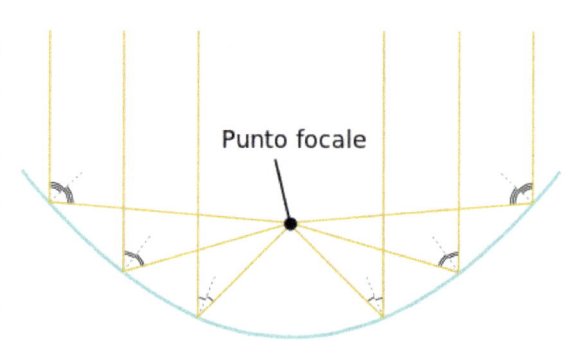

Il fluido termovettore può essere olio diatermico (centrali di 1ª generazione) oppure, secondo gli sviluppi di questi ultimi anni, una miscela di sali che fondono alle temperature di esercizio della centrale e per questo detti sali fusi (centrali di 2ª generazione). L'olio diatermico ha lo svantaggio di dissociarsi a temperature superiori a 400 °C, che quindi rappresenta la temperatura limite per gli impianti con tale fluido termovettore.

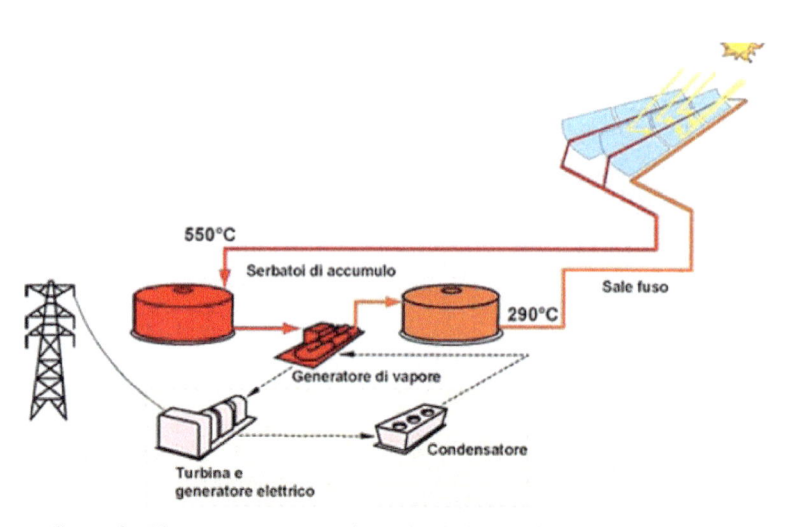

La temperatura più alta raggiunta dai sali fusi (fino ed oltre ai 550 °C) rispetto all'olio diatermico consente una migliore resa energetica in base al rapporto delle temperature tra serbatoio caldo ed il serbatoio freddo. La maggiore temperatura permette anche la possibilità di un agevole accoppiamento con centrali a ciclo combinato (vedi la spiegazione al capitolo dedicato alle centrali termiche). La Centrale Termoelettrica a Ciclo Combinato Archimede (ENEL) di Priolo Gargallo in Italia, è un esempio del genere; essa è stata inaugurata il 14 luglio del 2010.

Centrale Elettrica ENEL Archimede- Schema di funzionamento

L'impianto solare termodinamico di Priolo Gargallo è installato in una zona che ha un'irradiazione normale diretta di 1.936 kWh/mq l'anno, una delle più alte d'Italia. Il sistema è composto da 54 collettori organizzati in 9 stringhe. L'area complessiva degli specchi, che sono orientabili, è di 30.600 m², mentre le tubazioni in cui scorre il fluido termovettore sono lunghe 5.400 m. La produzione termica è di 28,3 GWh/anno. L'efficienza termica è del 48%. La potenza nominale è di 4,7 MWe, la produzione elettrica netta è di 9,1 GWh elettrici/anno, mentre l'efficienza solare/elettrica è del 15,4%.

Possiede due serbatoi di accumulo del calore con sali fusi, uno a 550°C l'altro a 290°C, equivalenti a 80 MWh di energia accumulata, ovvero 6,7 ore di autonomia alla potenza nominale senza l'irradiazione diretta del Sole, maggiore ovviamente per potenze erogate più basse. Ha un generatore di vapore a 530°C che alimenta una turbina a vapore

collocato nell'ambito di un impianto a ciclo combinato utilizzante anche il gas.

Vantaggi del solare termico.

E' un'energia rinnovabile e gratuita; può essere utilizzata sia in piccoli impianti, quali quelli familiari per riscaldare l'acqua sanitaria o contribuire al riscaldamento dell'abitazione, per riscaldare piscine, utilizzabile per le docce di campeggi, ecc. .

Può essere usata in ambito industriale, tramite impianti di dimensioni medie e grandi con temperature medio-alte; può essere utilizzata nelle centrali termiche per la produzione del vapore che fa ruotare una turbina in asse con un alternatore e quindi in definitiva produrre corrente alternata.

Svantaggi del solare termico.

Non è possibile produrre energia in modo continuo, a meno di non disporre di accumuli o fluidi termovettori particolari, che tuttavia non garantiscono a lungo la continuità.

Solare fotovoltaico

Vengono impiegati impianti che convertono la luce solare in energia elettrica, in particolare sono generatori di corrente. Essi sfruttano le proprietà delle giunzioni p-n, che hanno dato un impulso straordinario all'elettronica, facendola passare dai sistemi a valvole a sistemi allo stato solido, sempre più miniaturizzata nel tempo; cerchiamo di entrare nel dettaglio del funzionamento delle giunzioni p-n e del fotovoltaico in generale.

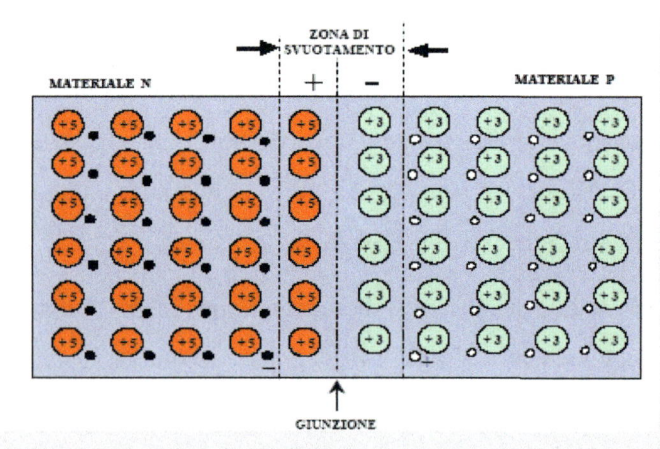

▶ La struttura di base per la costruzione di una cella fotovoltaica è quella di un semiconduttore, come il silicio, che presenta una struttura tetravalente.

Aggiungendo delle impurità, pentavalenti e trivalenti, si ottengono dei materiali cosiddetti drogati, di tipo **n** nel primo caso e di tipo **p** nel secondo caso. I primi hanno un eccesso di *elettroni di conduzione*; i secondi un eccesso di posti vuoti, denominati *lacune*, che si comportano come cariche positive che si muovono liberamente come gli elettroni di conduzione. È come avere una sala in cui le sedie sono maggiori delle persone presenti; se le persone si spostano continuamente occupando nuovi posti, anche i posti vuoti si spostano continuamente (è una questione di punti di vista). Alla giunzione dei due materiali si forma una zona di svuotamento a causa della ricombinazione delle cariche e tra i due materiali si crea una barriera di potenziale che impedisce l'ulteriore spostamento delle cariche stesse.

Ogni carica positiva o negativa, per passare la giunzione, deve ricevere un'adeguata energia; è come sulla spiaggia quando facciamo correre le biglie di plastica sulla sabbia: se vogliamo fare sorpassare alla biglia una montagnola dobbiamo fornire ad essa un'adeguata energia cinetica, dandole un colpo con il dito della mano, al fine di superare la barriera di energia potenziale rappresentata dalla montagnola di sabbia..

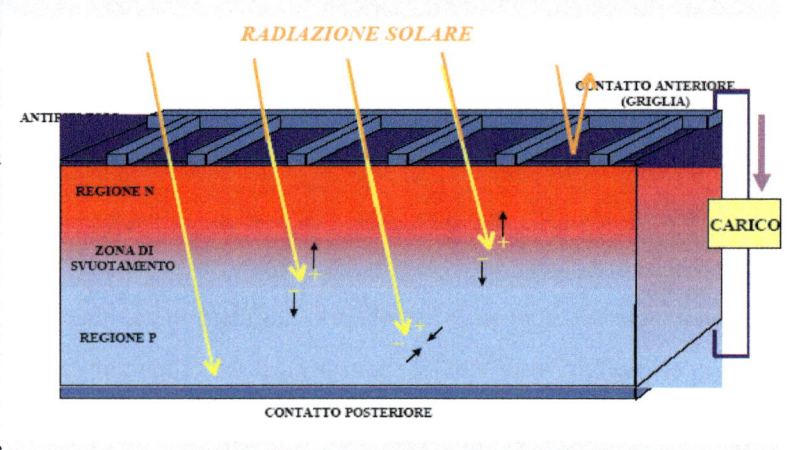

In assenza di radiazione solare alla giunzione si ha la presenza di un campo elettrico e di una barriera di energia che impedisce agli elettroni e alle lacune di attraversare la giunzione.

L'attraversamento è

possibile se le cariche elettriche sono energizzate al punto da superare questa barriere: si può ottenere ciò attraverso l'applicazione di una d.d.p. esterna o *illuminando la giunzione*, come nel caso delle celle fotovoltaiche.

Nel primo caso si hanno i diodi o in generale i transistor, nel secondo caso le celle fotovoltaiche.

Ai fini del funzionamento delle celle, i fotoni di cui è composta la luce solare non sono tutti equivalenti: per poter essere assorbiti e partecipare al processo di conversione, un fotone deve possedere un'energia (hv) superiore a un certo valore minimo, che dipende dal materiale di cui è costituita la cella. In caso contrario, il fotone non riesce ad innescare il processo di conversione.

Questo fatto è mostrato nella figura di lato.

L'effetto fotoelettrico

Scoperto da Heinrich Herz: quando la luce illumina una superficie metallica, questa emette cariche elettriche. Lenard confermò questo effetto e che le cariche emesse erano costituite da elettroni. Einstein dette la spiegazione scientifica di questo effetto e per questo fatto fu insignito del premio Nobel.

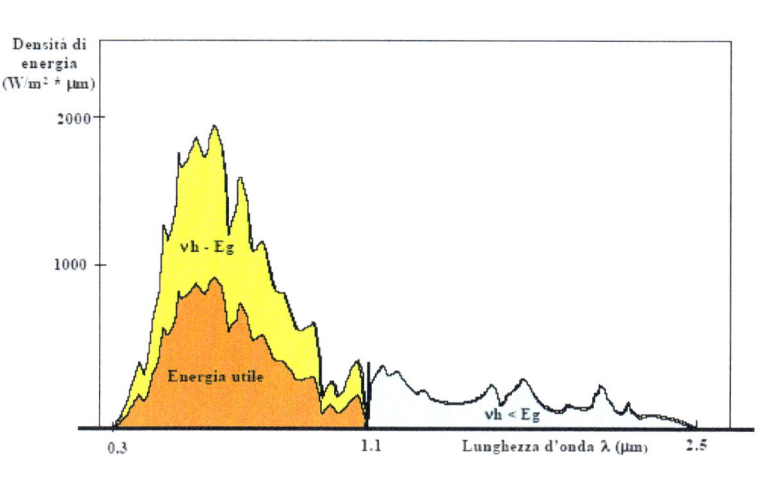

L'efficienza della cella

La cella può utilizzare solo una parte dell'energia della radiazione solare incidente.

L'energia sfruttabile dipende dalle caratteristiche del materiale di cui è costituita la cella: l'efficienza di conversione, intesa come percentuale di energia luminosa trasformata in energia elettrica disponibile per celle commerciali al silicio, è in genere compresa tra il 12% e il 19%, mentre realizzazioni speciali di laboratorio hanno raggiunto valori del 24%.

L'efficienza di conversione di una cella solare è limitata da numerosi fattori, alcuni dei quali di tipo fisico, cioè dovuti al fenomeno fotoelettrico e pertanto assolutamente inevitabili, mentre altri, di tipo tecnologico, derivano dal particolare processo adottato per la fabbricazione del dispositivo fotovoltaico.

Le cause di inefficienza sono essenzialmente dovute al fatto che:

- non tutti i fotoni della luce solare posseggono una energia sufficiente a generare una coppia elettrone-lacuna; l'eccesso di energia dei fotoni non genera corrente ma viene dissipata in calore all'interno della cella;

- non tutti i fotoni penetrano all'interno della cella, essendo in parte riflessi;

- una parte della corrente generata non fluisce al carico ma viene deviata all'interno della cella;

- solo una parte dell'energia acquisita dall'elettrone viene trasformata in energia elettrica; Non tutte le coppie elettrone-lacuna generate rimangono separate ma una parte si ricombina all'interno della cella;

- la corrente generata è soggetta a perdite conseguenti alla presenza di resistenze in serie.

Nella figura sottostante viene mostrata una possibile dispersione dell'energia luminosa incidente.

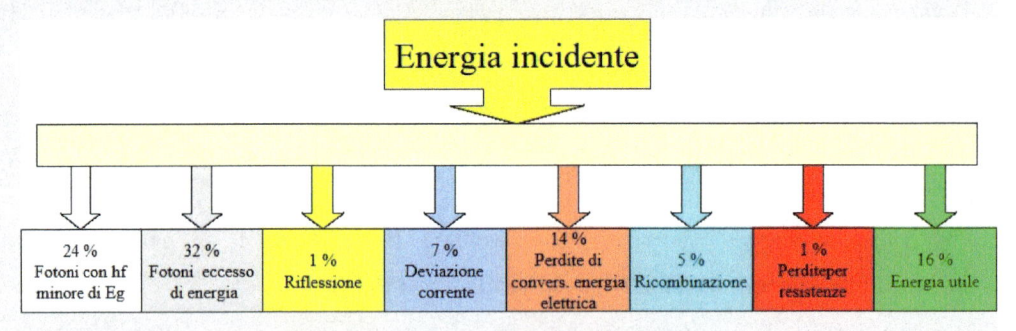

| 24% Fotoni con hf minore di Eg | 32% Fotoni eccesso di energia | 1% Riflessione | 7% Deviazione corrente | 14% Perdite di convers. energia elettrica | 5% Ricombinazione | 1% Perdite per resistenze | 16% Energia utile |

Nella figura seguente viene mostrata la caratteristica tensione corrente di una cella fotovoltaica per diversi valori dell'insolazione e della temperatura.

È bene subito precisare che il **rendimento delle celle fotovoltaica diminuisce all'aumentare della temperatura.**

I grafici mostrano anche come le celle siano dei generatori di corrente costante entro una certa gamma di tensione.

CARATTERISTICHE I-V DELLA CELLA

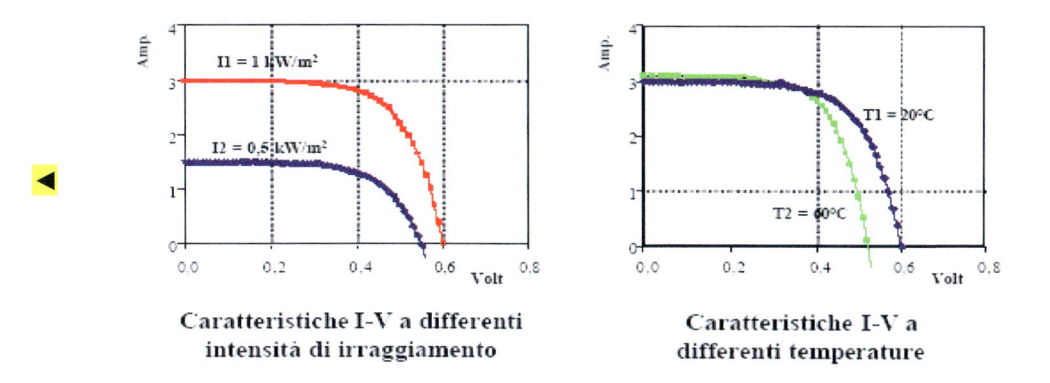

Caratteristiche I-V a differenti
intensità di irraggiamento

Caratteristiche I-V a
differenti temperature

Le celle si dividono in tre tipologie: monocristalline, policristalline e amorfe.

Celle monocristalline: dopo alcuni processi metallurgici intermedi consistenti nella purificazione del silicio metallurgico a silicio elettronico (processo Siemens) e la conversione del silicio elettronico a silicio monocristallino (metodo Czochralskj), si ottengono lingotti cilindrici (da 13 a 30 cm di diametro e 200 cm di lunghezza) di silicio mono cristallino. Questi lingotti vengono quindi 'affettati' in wafer di spessore che va dai 0,25 ai 0,35 mm. Si caratterizzano per una colorazione nera.

Celle policristalline: si costituiscono dagli scarti del taglio dei lingotti monocristallini e sono formati da celle di silicio policristallino formate da più cristalli orientati in modo casuale con una struttura caotica. Questa struttura più disordinata rende le prestazioni un po' inferiori soprattutto se colpite perpendicolarmente dai raggi del sole. Tuttavia, questa imperfezione rappresenta anche la loro peculiarità: riescono a sfruttare meglio la luce del sole durante l'arco della giornata. Si caratterizzano per una colorazione blu scura.

Celle amorfe: realizzate con silicio amorfo o tellurio di cadmio e non hanno una struttura cristallina.

Non insistiamo oltre per gli aspetti tecnici; mostriamo adesso i parametri principali di un pannello fotovoltaico, ricordando che esso è formato da celle collegate in serie e in parallelo.

I pannelli fotovoltaici sono classificabili in tre categorie:

- monocristallini; formate con celle monocristalline;
- policristallini;
- a film sottile: sono formati da celle amorfe, da uno strato in vetro o superfici plastiche su cui è applicato uniformemente uno strato di silicio dal piccolissimo spessore.

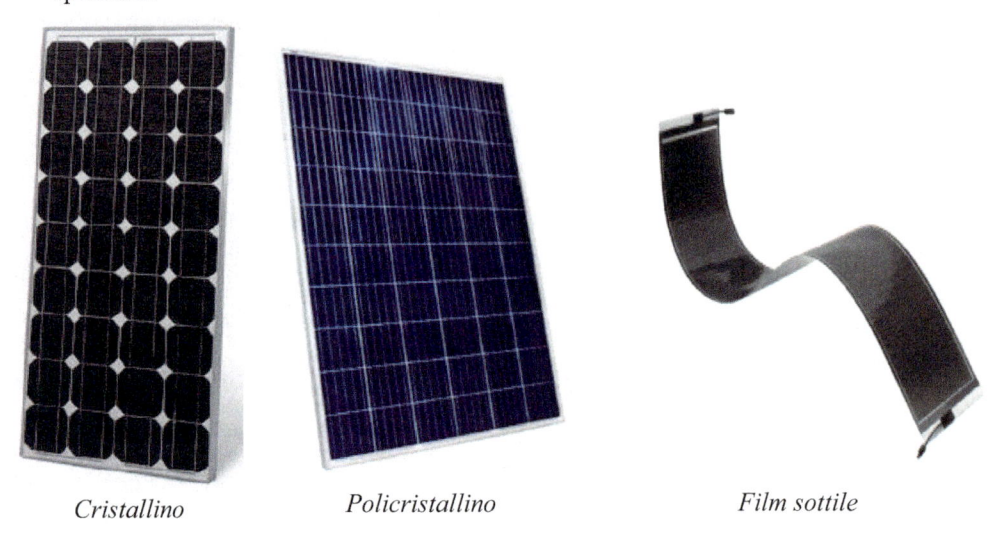

Cristallino   *Policristallino*   *Film sottile*

Visivamente, non si presentano come delle celle squadrate che disegnano la superficie, ma appaiono come una lastra di un colore scuro uniforme.

I rendimenti e i prezzi sono in ordine decrescente; sono molto usati i policristallini che hanno rendimenti un po' inferiori ai cristallini, ma prezzi più contenuti.

Complessivamente, il 72,5% dei pannelli installati sono realizzati in silicio policristallino e il 21,5% è in silicio monocristallino. Il restante 6%, invece, è costituito da film sottili o da altri materiali alternativi e più efficienti. Fa eccezione la Sicilia, in cui ben l'11% della potenza installata non è né in silicio cristallino né policristallino, ma in silicio amorfo.

Il *pay-back time* (tempo di ritorno energetico)

Equivale al periodo di tempo che deve operare il dispositivo fotovoltaico per produrre l'energia che è stata necessaria per la sua realizzazione. Per le celle al silicio cristallino il payback time corrisponde a circa 2,5 anni. In particolare, alla fase di cristallizzazione corrisponde un pay-back time di circa un anno mentre alle fasi di realizzazione del silicio metallurgico, di purificazione, di taglio e formazione della giunzione corrisponde complessivamente un pay-back time pari a circa 1, 5 anni.

Il pay-back time dei moduli al silicio amorfo corrisponde invece a 1,5 anni ed è così ripartito: 1 anno per il processo di deposizione del silicio amorfo e 0,5 anni per la deposizione dei contatti.

Il lettore tenga presente che i dispositivi fotovoltaici sono soggetti a innovazione in tempi relativamente brevi e che le caratteristiche riportate possono quindi variare nel tempo.

I parametri tipici di un pannello da tenere in considerazione per la progettazione di impianti fotovoltaici sono:

- potenza di picco;
- tensione di massima potenza;
- corrente di massima potenza;
- corrente di corto circuito;
- tensione a circuito aperto;
- tensione massima di sistema: tensione massima alla quale quel modulo può essere sottoposta;
- coefficienti di temperatura: perdite che si possono avere nel pannello in base alla variazione di temperatura.

Questi parametri sono importanti anche per il dimensionamento e la scelta dell'inverter, elemento che trasforma l'energia in corrente continua fornita dai pannelli in corrente alternata, alla f= 50 Hz. I valori riportati dal costruttore sono riferiti ad una irraggiamento standard pari a 1.000 W/m² . Nell'esempio i pannelli sono della AXITEC tedesca.

Electrical data (at standard conditions (STC) irradiance 1000 watt/m², spectrum AM 1.5 at a cell temperature of 25°C)

Type	Nominal output Pmpp	Nominal voltage Umpp	Nominal current Impp	Short circuit current Isc	Open circuit voltage Uoc	Module conversion efficiency
AC-400TFM/108BB	400 Wp	31.08 V	12.88 A	13.73 A	37.10 V	20.48 %
AC-405TFM/108BB	405 Wp	31.10 V	13.10 A	13.81 A	37.30 V	20.74 %
AC-410TFM/108BB	410 Wp	31.13 V	13.18 A	13.91 A	37.73 V	21.00 %
AC-415TFM/108BB	415 Wp	31.32 V	13.26 A	13.99 A	37.92 V	21.25 %
AC-420TFM/108BB	420 Wp	31.51 V	13.33 A	14.07 A	38.11 V	21.51 %
AC-425TFM/108BB	425 Wp	31.70 V	13.41 A	14.15 A	38.30 V	21.76 %

Sotto viene riportato lo schema di un impianto fotovoltaico.

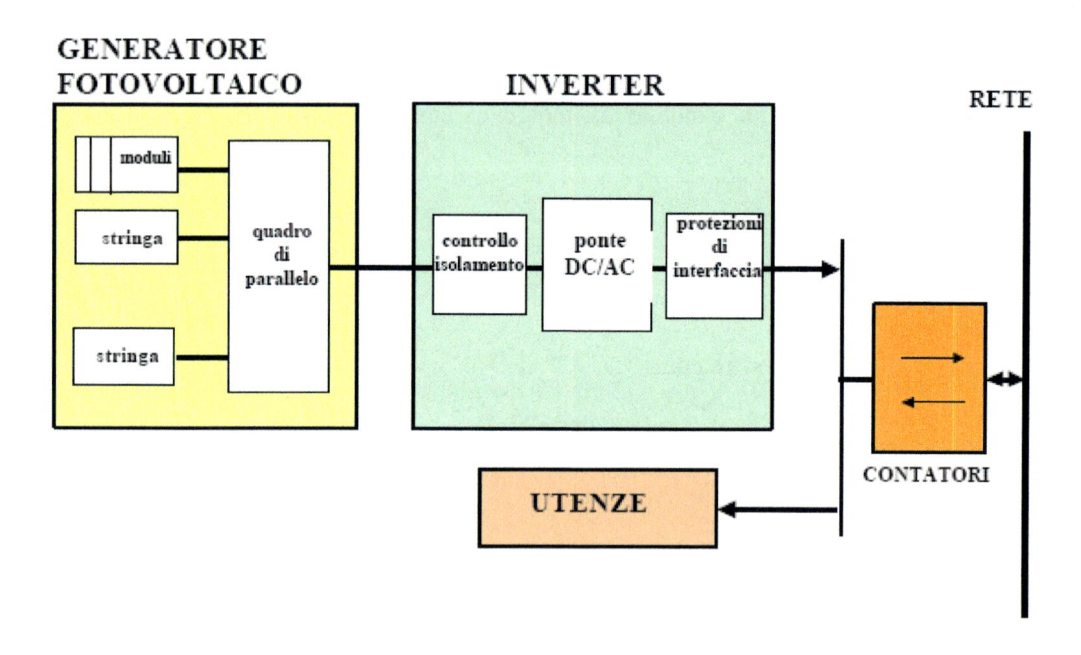

Le stringhe sono la composizione di più pannelli; negli impianti allacciati alla rete elettrica sono necessari due contatori, uno che misura l'energia prelevata dalla rete e l'altro che misura l'energia che l'utente immette in rete.

La figura seguente mostra un grande impianto fotovoltaico realizzato a Piano di Conca nel comune di Massarosa.

Il più grande parco fotovoltaico d'Italia si trova in Puglia, nei pressi di Foggia, e comprende 275mila moduli solari. La centrale ha una capacità di 103 MW, maggiore degli 84 MW dell'ex record nazionale, attribuito al parco fotovoltaico di Montalto di Castro.

Oggi la struttura, con i suoi moduli, ricopre 1.500.000 metri quadrati, pari a circa 200 campi da calcio; un'estensione che a regime dovrebbe garantire una produzione di 150 GWh di elettricità l'anno.

Classi di potenza (kW)	Installati nel 2020 Numero	Installati nel 2020 Potenza (MW)	Installati nel 2021 Numero	Installati nel 2021 Potenza (MW)	*Variazione % 2021/2020 Numero*	*Variazione % 2021/2020 Potenza (MW)*
1 ≤ P ≤ 3	14.825	35,0	14.226	31,8	-4,0	-9,1
3 < P ≤ 20	38.146	234,2	62.836	403,7	64,7	72,3
20 < P ≤ 200	2.282	181,3	2.942	214,1	28,9	18,1
200 < P ≤ 1.000	282	145,5	391	198,8	38,7	36,6
1.000 < P ≤ 5.000	9	24,1	19	60,4	111,1	150,1
P > 5.000	6	129,0	5	28,7	-16,7	-77,7
Totale	55.550	749,2	80.419	937,6	44,8	25,1

Fotovoltaico in Italia

La sua potenza non è confrontabile con impianti come il Bhadla Solar Park dell'India (attualmente il più grande parco fotovoltaico in funzione al mondo) e i suoi 2.245 MW di capacità, ma rappresenta comunque buon risultato.

Il fotovoltaico in Italia

Nel 2021 (fonte Terna) il **numero totale di impianti installati** in Italia risultava di

1.016.083 ,

la **potenza efficiente lorda** era pari a **22.594.259 kW** con un aumento del 4,4% rispetto al 2020.

In particolare la produzione in potenza (MW) nel tempo è stata di

2014	2015	2016	2017	2018	2019	2020	2021
22.306,4	22.942,2	22.104,3	24.377,7	22.653,8	23.688,9	24.941,5	25.039,0

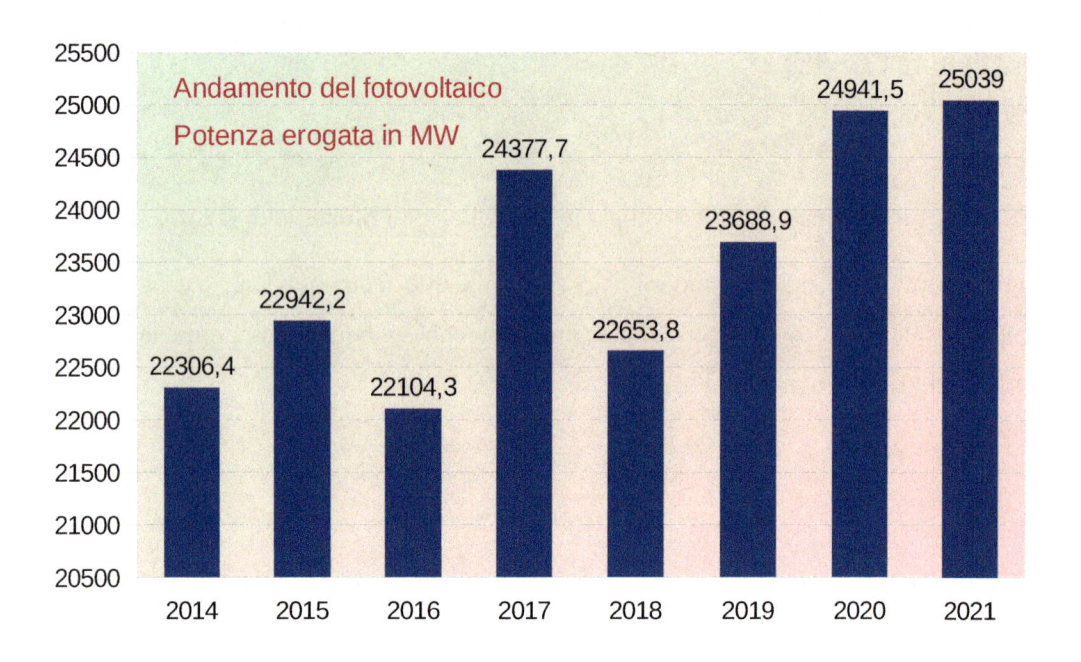

A fine capitolo sulle rinnovabili faremo un'analisi più dettagliata dell'energia dovuta a ciascuna componente.

In maniera più specifica si ha (dati del GSE, Gestore Servizi Energetici):

Classi di potenza (kW)	Installati al 31/12/2020 Numero	Potenza (MW)	Installati al 31/12/2021 Numero	Potenza (MW)	Variazione % 2021/2020 Numero	Potenza (MW)
1 ≤ P ≤ 3	312.196	838,7	323.871	859,7	+3,7	+2,5
3 < P ≤ 20	552.571	3.911,6	616.962	4.305,5	+11,7	+10,1
20 < P ≤ 200	58.542	4.585,5	61.874	4.720,2	+5,7	+2,9
200 < P ≤ 1.000	11.361	7.651,6	12.121	7.883,0	+6,7	+3,0
1.000 < P ≤ 5.000	963	2.371,2	1.044	2.497,0	+8,4	+5,3
P > 5.000	205	2.291,5	211	2.328,8	+2,9	+1,6
Totale	935.838	21.650,1	1.016.083	22.594,3	+8,6	+4,4

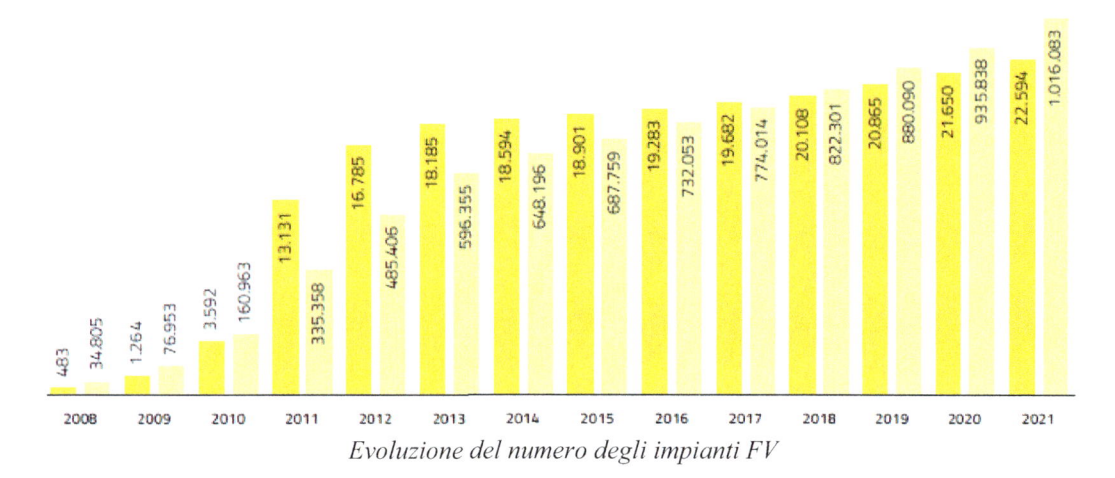

Evoluzione del numero degli impianti FV

Il grafico illustra l'evoluzione del numero e della potenza degli impianti fotovoltaici installati in Italia nel periodo 2008 ÷ 2021; si può osservare come alla veloce crescita iniziale favorita, tra l'altro, dai meccanismi di incentivazione (in particolare il Conto Energia) segua, a partire dal 2013, una fase di consolidamento caratterizzata da uno sviluppo più graduale. Ciò è visibile anche nel diagramma che segue, relativo all'energia.

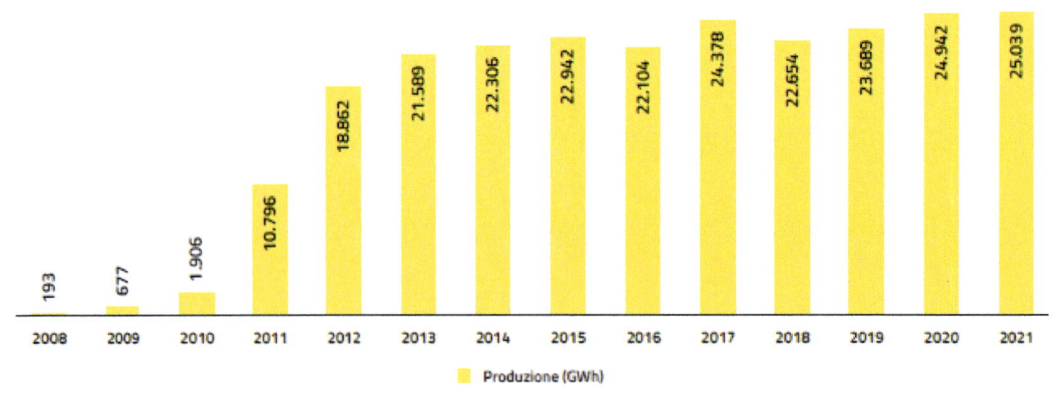

Evoluzione della produzione di energia degli impianti FV

Vantaggi del fotovoltaico

Si ha la disponibilità di energia elettrica gratuita, sia a livello di singola famiglia che di impianti di medie e grandi dimensioni. Non ha parti in movimento e quindi ha una lunga vita, tipicamente 25 anni; fa eccezione l'inverter che, pur essendo un sistema statico, ma con componenti elettronici, può durare meno. Si risparmia quindi sulla bolletta elettrica.

Non inquina e non emette CO_2; non facciamo qui il confronto con la produzione dei componenti, discorso valido anche per gli altri tipi di energia; è in gran parte riciclabile.

Può sfruttare l'utilizzo di batterie in tampone per l'accumulo dell'energia elettrica prodotta; altri sistema di sfruttare l'energia non utilizzata, in eccesso, è quello di riversare la stessa nella rete elettrica, con ricavi in denaro e contributo all'utilizzo altrui.

Svantaggi del fotovoltaico

Come per il solare termico, è possibile il suo sfruttamento solo in presenza della luce solare: quindi non funzione di notte e nei giorni nuvolosi la sua resa è ridotta; manca quindi la continuità dell'erogazione.

Si può mitigare il problema, come ricordato, con batterie di accumulo e immissione in rete dell'energia prodotta. (Si può utilizzare il sistema innovativo di accumulo mediante pesi già illustrato in precedenza per dare continuità all'impianto).

Energia eolica

È l'energia legata al vento; il vento si origina per spostamento di masse d'aria dovute a differenze di pressione e quindi a differenze di temperatura. Risulta, in definitiva, una energia legata al Sole.

Nella prima parte del libro abbiamo fatto una sintesi storica dell'uso dell'energia; in quella sede abbiamo parlato dell'uso del vento per muovere le pale di mulini e per far viaggiare le barche tramite l'utilizzo delle vele.

Adesso dobbiamo analizzare l'uso del vento per far girare le pale di generatori elettrici, con una nuova tecnologia che ha dato vita agli aerogeneratori.

In base ai dati del report 2019 dell'International Renewable Energy Agency (IRENA), l'energia del vento è attualmente la seconda tipologia di energia rinnovabile per produzione nel mondo (564 GW complessivi di capacità installata) ed è in continua crescita: l'eolico fornisce circa il 5% della produzione elettrica mondiale, un dato che è quasi raddoppiato nel corso degli ultimi 10 anni.

Mostriamo adesso uno schema di principio della costituzione di un generatore eolico, descrivendo gli elementi essenziali dello schema stesso. In esso sono presenti:

- una struttura di sostegno, denominata *torre*, con altezze tipiche di 80÷115 metri; ha il compito di sostenere il generatore ad una opportuna altezza;
- una turbina eolica di cui il componente principale è il *rotore* che gira, essendo collegato alle pale, e che mette in movimento l'alternatore;
- le pale che trasformano l'energia cinetica di traslazione del vento in energia cinetica di rotazione del rotore; la velocità di rotazione tipica è di 10÷25 giri/min, ma può variare in funzione della forza del vento;
- Una navicella che contiene i componenti principali che trasformano l'energia cinetica di rotazione in energia elettrica, quali l'alternatore ed il trasformatore di

macchina;

- un anemometro per valutare la velocità del vento; un cavidotto per il trasporto mediante cavi dell'energia elettrica; un trasformatore finale per avere i valori di tensione e di corrente idonei all'immissione dell'energia elettrica in rete.

Si comincia a produrre energia elettrica quando il vento raggiunge i 10 km/h, velocità chiamata di cut-in; esiste un sistema di controllo, denominato pitch control system, che controlla l'angolo delle pale rispetto al proprio asse, posizionandole in modo ottimale rispetto al vento.

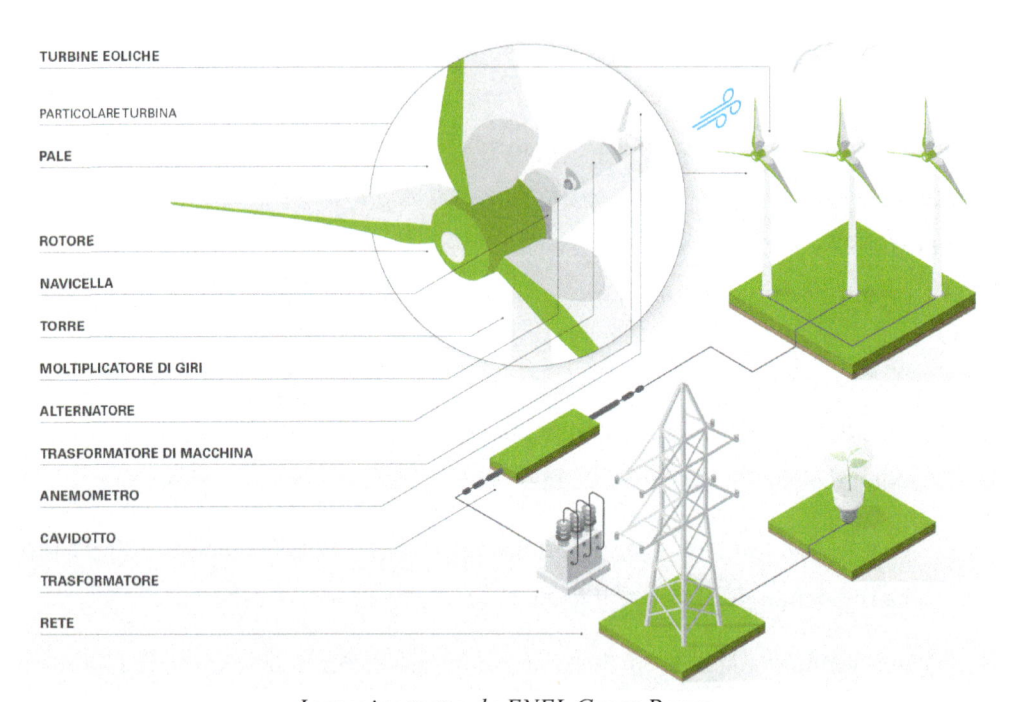

Immagine tratta da ENEL Green Power

Nella figura sopra è mostrato lo schema di principio di funzionamento di un generatore eolico, mentre sotto viene visualizzato lo stesso con maggior dettaglio.

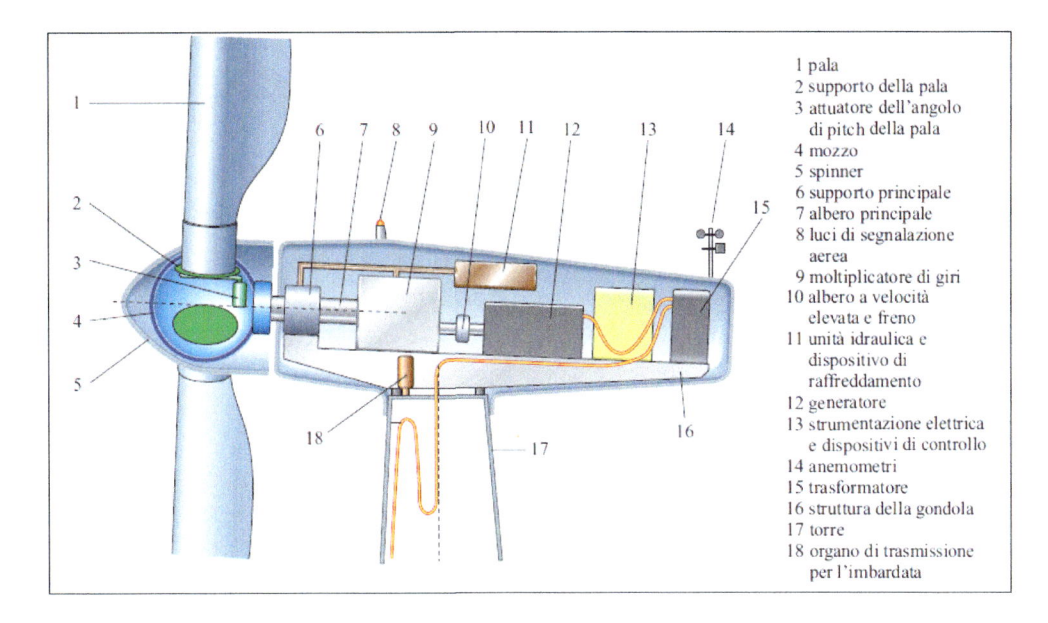

```
1 pala
2 supporto della pala
3 attuatore dell'angolo
  di pitch della pala
4 mozzo
5 spinner
6 supporto principale
7 albero principale
8 luci di segnalazione
  aerea
9 moltiplicatore di giri
10 albero a velocità
   elevata e freno
11 unità idraulica e
   dispositivo di
   raffreddamento
12 generatore
13 strumentazione elettrica
   e dispositivi di controllo
14 anemometri
15 trasformatore
16 struttura della gondola
17 torre
18 organo di trasmissione
   per l'imbardata
```

La velocità del vento cresce con l'altezza dal suolo, per cui c'è la tendenza a costruire torri sempre più alte, compatibilmente con le capacita portanti e di funzionamento dei vari componenti.

Le pale sono i componenti a diretto contatto con il vento e la loro progettazione e conformazione sono fondamentali per avere la massima efficienza e garantire nel contempo una buona resistenza meccanica.

Poiché la principale causa di avaria è rappresentata dai fulmini, viene adottata una protezione attraverso l'installazione di conduttori, sia sulla superficie che all'interno della pala.

I rotori possono essere monopala (poco diffusi), bipala, diffusi per istallazioni minori, tripala, che garantiscono un bilanciamento ed un funzionamento regolare, affidabile e silenzioso; vedi immagini sottostanti.

Il *rendimento massimo* (teorico) di un generatore eolico è del 59,3% ; nella pratica viene considerato ottimo un rendimento tra 40% ÷ 50%.

Le principali tipologie di torri sono due:

- a traliccio, come per le linee in A.T.;
- tubolare (come mostrato nelle figure precedenti).

Le seconde sono più funzionali permettendo addirittura, per grandi aeratori, di avere l'ascensore interno per la salita/discesa.

Relativamente ala potenza gli impianti si dividono:

- microeolici, sino a 20 kW;
- minieolici per potenze 20÷200 kW;
- grandi impianti per potenze maggiori di 200 kW.

Inoltre gli impianti eolici si dividono in **onshore** (sulla terra, lontani dalla costa), **nearshore** (vicino alla costa) e **offshore** (in mare); i terzi sfruttano il fatto che il vento non trova ostacoli e quindi soffia con più forza, riducendo fortemente l'intermittenza e aumentando la resa energetica. Non entriamo in questo libro sulla questione degli impatti che tali impianti hanno a livello paesaggistico, variando da caso a caso.

Quando si utilizzano impianti in mare sono necessari, naturalmente, specifici elettrodotti e cavi sottomarini per portare l'energia generata alla rete nazionale; un modello che ha conosciuto una forte impennata negli ultimi 20 anni soprattutto in Cina, negli Stati Uniti e in Germania. Il costo di tali impianti risulta maggiore rispetti a quelli a terra.

La *produzione d'energia eolica nel mondo* viene mostrata nella tabella di lato; i valori riportati sono in MW.

11 maggiori nazioni per capacità nominale di energia eolica a tutto il 2021

Nazione	Totale capacità (MW)	% sul totale
Cina	328.973	40,2
Stati Uniti	132.378	16,2
Germania	63.760	7,8
India	40.067	4,9
Spagna	27.497	3,4
Regno Unito	27.130	3,3
Brasile	21.161	2,6
Francia	18.676	2,3
Canada	14.304	1,7
Svezia	12.080	1,5
Italia	11.276	1,4
Resto del mondo	122.046	14,9
Totale mondiale	**819.348**	**100,0**

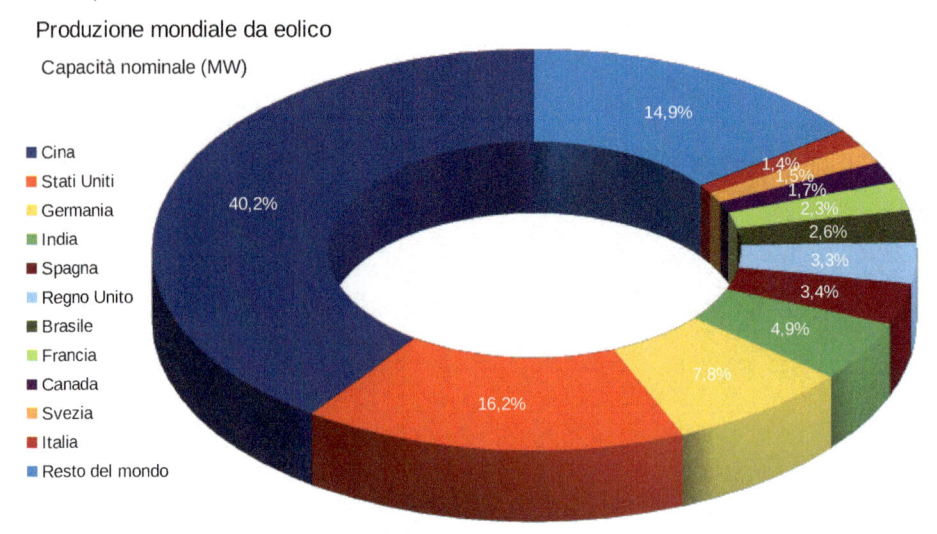

Produzione mondiale da eolico
Capacità nominale (MW)

- Cina: 40,2%
- Stati Uniti: 16,2%
- Germania: 7,8%
- India: 4,9%
- Spagna: 3,4%
- Regno Unito: 3,3%
- Brasile: 2,6%
- Francia: 2,3%
- Canada: 1,7%
- Svezia: 1,5%
- Italia: 1,4%
- Resto del mondo: 14,9%

Elaborazione Campioni

In Italia

Il Piano Nazionale Energia e Clima (Pniec) firmato dal Governo italiano nel 2020 prevede di raggiungere l'obiettivo di 900 MW entro il 2030. Lo scorso 21 aprile a Taranto è stato inaugurato il primo impianto offshore nel Mediterraneo, il Beleolico: collocato a largo della costa pugliese, possiede una potenza complessiva di 30 MW, riuscirà a produrre oltre 58 mila MWh ed è in grado di coprire il fabbisogno energetico annuo di circa 60 mila famiglie. Inoltre, affermano gli esperti, il parco consentirà di risparmiare 730 mila tonnellate di anidride carbonica in 25 anni.

Dati sugli impianti eolici (GSE)

Classi di potenza	Numero	Potenza (MW)	Produzione (GWh)
P ≤ 1 MW	5.259	532	843
1 MW < P ≤ 10 MW	131	720	1.327
P > 10 MW	341	10.038	18.757
Totale	**5.731**	**11.290**	**20.927**

Fonte: Terna

Si noti come il dato relativo alla potenza mostri valori complessivi, paragonabili al FV, seppur inferiori.

Alla fine del 2021 risultano installati in Italia 5.731 impianti eolici. Quelli con potenza inferiore a 1 MW sono i più numerosi (92% del totale) ma producono solo il 5% della potenza complessiva; al contrario, gli impianti di maggiori dimensione (oltre 10 MW) rappresentano il 6% del totale, ma forniscono l'89% della potenza totale.

La potenza eolica complessivamente installata nel paese, pari a 11.290 MW, rappresenta il 19% dell'intero parco impianti nazionale alimentato da fonti rinnovabile.

Nel corso del **2021** la produzione di energia elettrica da fonte eolica è pari a **20.927 GWh**, corrispondente al **18%** della produzione complessiva da fonti rinnovabili.

Fonte: elaborazioni GSE su dati Terna

Evoluzione del numero e della potenza degli impianti eolici

La Basilicata è la regione con la più alta percentuale di impianti sul territorio nazionale (24,9%), seguita dalla Puglia (21,1%). Nell'Italia settentrionale, caratterizzata di solito da ventosità limitata, la diffusione di tali impianti è generalmente modesta; le regioni più rappresentative sono l'Emilia Romagna e la Liguria, rispettivamente con l'1,3% e lo 0,6% del totale degli impianti nazionali. Nell'Italia centrale, invece, la regione caratterizzata dalla maggiore presenza di impianti è la Toscana (2,0% del totale).

Vantaggi dell'eolico

- E' un'energia rinnovabile; come per gli altri impianti che sfruttano le rinnovabili fornisce energia gratuita;
- non sfrutta combustibili fossili;
- non produce emissione di CO_2 o gas serra;
- non produce emissione di inquinanti;
- avendo informazioni sullo spirare dei venti e sulla loro potenza è possibile progettare impianti con grande affidabilità;
- nelle zone più isolate e lontane dai centri abitati, infatti fa risparmiare la costruzione di infrastrutture costose;
- come abbiamo visto, ha un'ottima efficienza di conversione;
- sviluppandosi in altezza occupa poco suolo;
- I tempi di costruzione sono brevi: dai 2 ai 24 mesi, secondo la taglia dell'impianto; la manutenzione è minima e, di conseguenza, poco costosa. La vita media di un impianto è di circa 25 anni.

Svantaggi dell'eolico

- Costi iniziali elevati, in particolare per gli impianti in mare;
- necessità di sfruttare siti in cui il vento sia costante per evitare discontinuità del servizio;
- possibile impatto ambientale e paesaggistico, con necessità di una scelta accurata del sito d'installazione; a parere dell'autore (che è stato Commissario in due Inchieste pubbliche sulle cave del monte Altissimo) i committenti di impianti eolici dovrebbero coinvolgere le popolazioni al fine di creare una condivisione delle scelte fatte dalle Amministrazioni pubbliche;
- inquinamento acustico delle pale eoliche che producono un rumore continuo anche se la tecnologia sta riducendo questo tipo di inquinamento; gli ultimi

generatori producono un rumore intorno ai 45 decibel a 150 metri di distanza, un rumore molto basso anche se *continuo*.

Bioenergie

Le bioenergie rappresentano una fonte di energia rinnovabile; rientrano in questa categoria tutte le forme di energia prodotte da biomasse, bioliquidi e biogas.

La *biomassa* è la frazione biodegradabile di prodotti, rifiuti e residui di origine biologica. Il *biogas*, invece, è costituito prevalentemente da metano e anidride carbonica e si forma con la fermentazione anaerobica di materiale organico.

I *bioliquidi* sono combustibili liquidi ottenuti dalla biomassa e possono essere di origine vegetale o animale.

Naturalmente l'utilizzo della biomassa, rappresentata dal legno, è sempre stata utilizzata dall'uomo per produrre energia, come abbiamo visto nel capitolo relativo alla storia dell'energia. Questo utilizzo è ancora valido sia per cuocere cibi sia per il riscaldamento domestico. Qui ci occupiamo in particolare delle biomasse sopra ricordate ed utilizzate principalmente in ambito industriale.

La **bioenergia** è l'energia che si crea dalla biomassa; questa costituisce il residuo del materiale organico di origine biologica.

La Direttiva Europea 2009/28/CE definisce la biomassa come *la frazione biodegradabile dei prodotti, rifiuti e residui di origine biologica provenienti dall'agricoltura (comprendente sostanze vegetali e animali), dalla silvicoltura e dalle industrie connesse, comprese la pesca e l'acquacoltura, nonché la parte biodegradabile dei rifiuti industriali e urbani*. Si tratta, quindi, della legna da ardere, dei residui delle attività agricole e forestali, delle alghe marine, degli scarti delle industrie alimentari, dei liquidi reflui derivanti dagli allevamenti, della frazione organica dei rifiuti solidi urbani e anche delle piante coltivate appositamente per produrre energia.

Dalle biomasse è possibile ricavare combustibili, energia elettrica e termica attraverso diversi processi di trasformazione: da qui la necessità di creare le centrali a biomassa.

Processi termochimici: combustione, gassificazione e pirolisi si basano sull'azione del calore che permette le reazioni chimiche necessarie a trasformare la materia in energia.

Processi biochimici: fermentazione alcolica e digestione anaerobica consentono di ricavare energia attraverso reazioni chimiche dovute alla presenza di enzimi, funghi e altri microrganismi che si formano nella biomassa conservata in particolari condizioni.

Processi chimico-fisici: fermentazione, spremitura o altri processi chimici per l'estrazione degli oli vegetali grezzi e la successiva trasformazione in biocarburanti, come il biodiesel.

Biomassa nell'UE-28

Le informazioni che riguardano l'UE sono prese da *BioenergyEurope*.

Nel 2017, la biomassa globale ha prodotto energia pari a 144.087 kilotonnellate di petrolio equivalente. Più di due terzi della biomassa consumata in Europa è costituita da biomassa solida, principalmente residui forestali e, in misura limitata, sottoprodotti agricoli. Esempi di materie prime da *biomassa solida* sono:

- sottoprodotti dell'industria del legno;
- legno da selvicoltura;
- legno di scarto;
- festuca alta (specie di graminacea perenne);
- panico verga (erba delle stagioni calde);
- bosco ceduo a rotazione rapida;
- miscanto (altra erba);
- siepi;
- rifiuti verdi.

Biogas e biocarburanti rappresentano rispettivamente l'11,7% e l'11,4% del consumo energetico interno lordo di biomassa. Esempi di queste materie prime includono:

- barbabietole;
- cereali;
- sottoprodotti delle colture;
- erba;
- colture intermedie;
- semi di lino;
- letame di bestiame;
- granoturco;
- biomassa marina;
- olio di colza;
- fango;
- olio vegetale di scarto e grassi animali.

Infine, i rifiuti urbani rinnovabili sono il quarto tipo principale di biomassa per l'energia, raggiungendo il 7,3% nel 2017. Gli esempi includono i rifiuti agroalimentari e i rifiuti organici domestici.

Bioenergia solida

Di tutte le biomasse, il legno è sempre stato il più utilizzato in Europa. Negli ultimi decenni, però, il modello di consumo della legna è cambiato, passando da quello del "ceppo nel camino" a quello di apparecchi moderni ed efficienti. Il settore residenziale mantiene la quota maggiore di consumo energetico da legno massiccio (27%), seguito dall'uso industriale di cippato, in impianti superiori a 1 megawatt (22%) e dall'uso su piccola scala di cippato al 14%. Anche il consumo di pellet negli elettrodomestici moderni è in rapida crescita, rappresentando il 6% del consumo totale di energia del legno nell'UE.

Biocarburanti

L'industria europea dei biocarburanti è suddivisa in due settori distinti, *bioetanolo e biodiesel*, ognuno dei quali fa affidamento su diverse materie prime per produrre carburante. Secondo ePURE, l'associazione europea per l'etanolo rinnovabile, nel 2017 sono stati prodotti 5,71 milioni di tonnellate di co-prodotti, di cui 4,32 erano mangimi per animali. I membri di ePURE, ad esempio, hanno prodotto etanolo utilizzando cereali (75%), zuccheri (21%), biomassa ligno-cellulosica (4%). Nell'UE il bioetanolo è prodotto principalmente da cereali e derivati della barbabietola da zucchero. Il grano è utilizzato principalmente nell'Europa nordoccidentale, mentre il mais è prevalentemente preferito nell'Europa centrale e in Spagna. La materia prima più comune per la produzione di biodiesel è l'olio di colza, che rappresenta il 44% della produzione totale di biodiesel nel 2017, ma la sua posizione sta diminuendo notevolmente, principalmente a causa del maggiore utilizzo di olio vegetale riciclato/olio da cucina usato (UCO) e olio di palma .

Biogas

Il settore europeo del biogas è molto vario. A seconda delle priorità nazionali, se la produzione di biogas è vista principalmente come un mezzo di gestione dei rifiuti, di

generazione di energia rinnovabile o una combinazione dei due, i paesi hanno strutturato i propri incentivi finanziari per favorire determinate materie prime rispetto ad altre. A questo proposito, due paesi rappresentano le due estremità della scala: Germania e Regno Unito (ex-UE). La Germania genera il 92% del suo biogas dalla fermentazione di colture agricole e residui colturali, mentre il Regno Unito si affida quasi interamente al gas di discarica e di fanghi di depurazione, che rappresenta il 60% della sua produzione complessiva di biogas. Tutti gli altri paesi utilizzano una varietà di combinazioni di materie prime. Se si guarda all'intera UE-28, le colture erbacee, il letame, i rifiuti dell'industria agroalimentare rappresentano circa i 3/4 della biomassa utilizzata per la produzione di biogas, una quota che è triplicata dal 2010. I fanghi di depurazione e le discariche rappresentano l'ultimo quarto.

Incenerimento

La termovalorizzazione (è un modo elegante per dire incenerimento; *nota dell'autore*) è la quarta categoria più importante di materia prima bioenergetica utilizzata in Europa. Più di 492 impianti nell'UE-28 potrebbero contare sulla produzione annuale di rifiuti sia delle industrie che dei comuni. Nel 2015, gli europei hanno trattato un totale di 245,2 milioni di tonnellate di rifiuti urbani, di cui il 27% è andato ai termovalorizzatori (67 milioni di tonnellate) rimanendo ancora indietro rispetto alle pratiche di riciclaggio (30%) e discarica (24%).

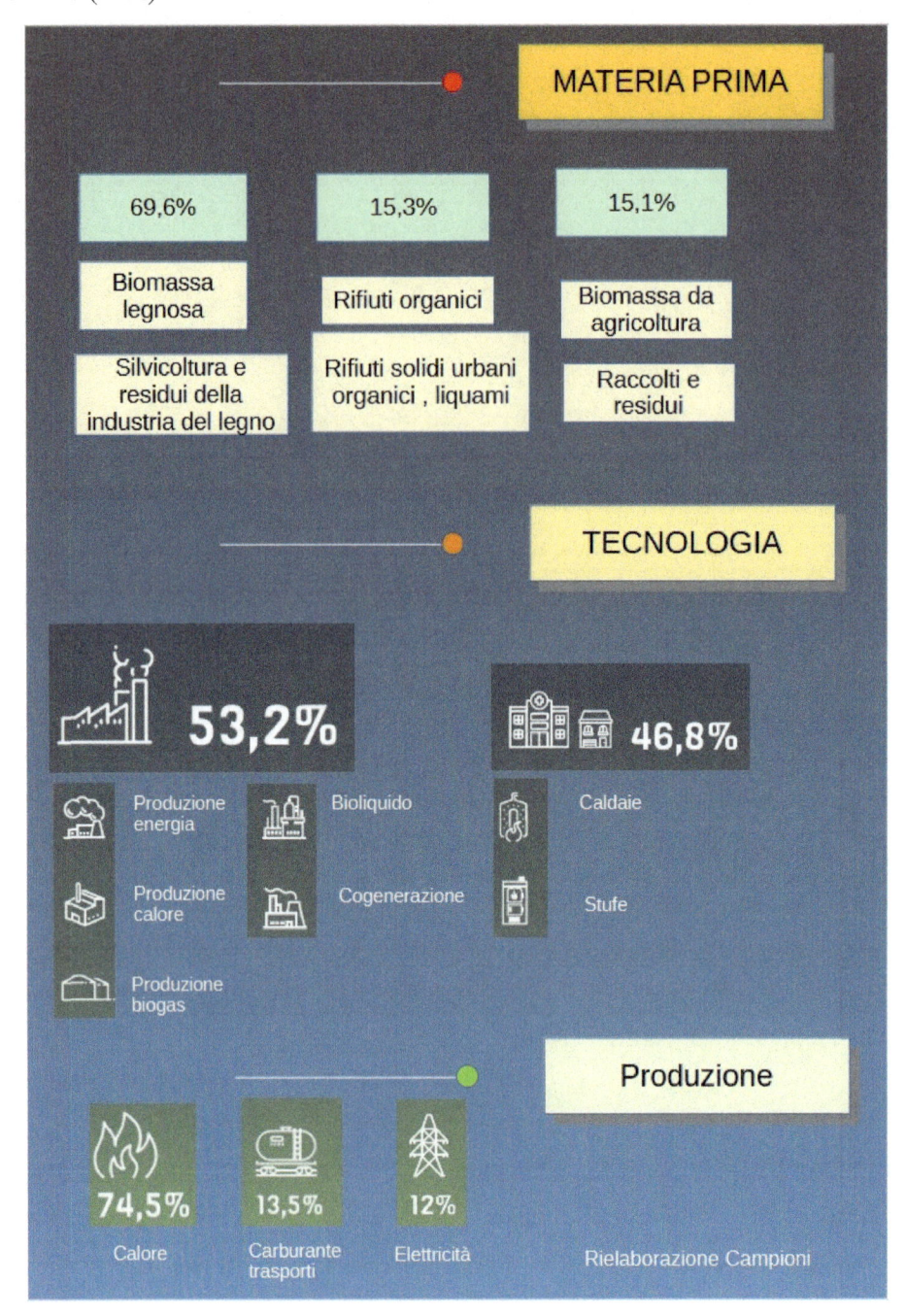

MATERIA PRIMA

- 69,6% — Biomassa legnosa — Silvicoltura e residui della industria del legno
- 15,3% — Rifiuti organici — Rifiuti solidi urbani organici, liquami
- 15,1% — Biomassa da agricoltura — Raccolti e residui

TECNOLOGIA

- 53,2%: Produzione energia, Produzione calore, Produzione biogas, Bioliquido, Cogenerazione
- 46,8%: Caldaie, Stufe

Produzione

- 74,5% Calore
- 13,5% Carburante trasporti
- 12% Elettricità

Rielaborazione Campioni

NOTA. È difficile immaginare gli inceneritori in una UE dove è incentivato il riciclaggio dei rifiuti; se spingiamo la **raccolta differenziata ed il recupero** a livelli alti a cosa servono gli inceneritori? Attualmente la materia più ambita è la plastica: allo stato attuale molte plastiche sono difficilmente recuperabili e riciclabili; in questo senso ha significato l'incenerimento. Ma una corretta politica sui rifiuti dovrebbe incentivare il non utilizzo delle plastiche e l'uso di materiali alternativi e respingere la politica dell'usa e getta. Le plastiche stanno devastando il nostro pianeta; vedi la parte relativa al petrolio e, nello specifico, alle plastiche e microplastiche.

In Italia (fonte GSE)

Classi di potenza	Numero	Potenza (MW)	Produzione (GWh)
P ≤ 1 MW	2.630	1.342	7.778
1 MW < P ≤ 10 MW	289	804	2.402
P > 10 MW	66	1.959	8.890
Totale	2.985	4.106	19.071

Fonte: Terna

Dati di sintesi -impianti alimentati da bioenergie nel 2021. Produzione elettrica

Nel 2021 la **potenza** degli impianti di produzione di energia elettrica alimentati con bioenergie (biomasse, biogas, bioliquidi), pari a 4.106 MW, rappresenta il 7,1% della potenza elettrica complessiva alimentata da fonti rinnovabili in Italia; la maggior parte degli impianti (88%) è di piccole dimensioni, con potenza inferiore a 1 MW.

L'**energia elettrica** prodotta da bioenergie ammonta a 19.071 GWh, pari al 16,4% della produzione totale da rinnovabili. Il 46,6% è prodotta in impianti di potenza superiore a 10 MW, il 40,8% in quelli di potenza inferiore a 1 MW, il restante 12,6% in impianti appartenenti alla classe intermedia (1÷10 MW).

NOTA GSE. Si precisa che la dicitura "bioliquidi" comprende sia i bioliquidi che rispettano i requisiti di sostenibilità di cui alla Direttiva 2009/28/ CE (bioliquidi sostenibili) sia i bioliquidi non sostenibili.

	2020		2021		Variazione % 2021/2020	
	Numero	Potenza (MW)	Numero	Potenza (MW)	Numero	Potenza (MW)
Biomasse solide	464	1.688,2	454	1.699,6	-2,2	0,7
– frazione urbani	61	907,3	60	919,7	-1,6	1,4
– altre biomasse	403	780,9	394	779,9	-2,2	-0,1
Biogas	2.201	1.452,2	2.261	1.455,1	2,7	0,2
– da rifiuti	386	392,7	386	382,9	0,0	-2,5
– da fanghi	81	44,6	82	46,7	1,2	4,6
– da deiezioni animali	656	245,1	688	249,4	4,9	1,8
– da attività agricole e forestali	1.078	769,8	1.105	776,1	2,5	0,8
Bioliquidi	465	965,5	454	951,4	-2,4	-1,5
– oli vegetali grezzi	371	826,4	358	812,3	-3,5	-1,7
– altri bioliquidi	94	139,2	96	139,1	2,1	-0,1
Bioenergie	2.944	4.105,9	2.985	4.106,0	1,4	0,0

Fonte: Terna

Numero e potenza degli impianti alimentati da bioenergie

Nella tabella sono riportati numero e potenza efficiente lorda degli impianti alimentati da biomasse solide, bioliquidi e biogas; non sono inclusi gli impianti ibridi che producono elettricità principalmente sfruttando combustibili convenzionali (gas, carbone, ecc.). Per gli impianti alimentati con rifiuti solidi urbani si considera l'intera potenza installata; si precisa tuttavia che essi contribuiscono alla produzione rinnovabile solo con la quota riconducibile alla frazione biodegradabile dei rifiuti utilizzati, assunta pari al 50% della produzione totale in conformità alle regole Eurostat.

Gli impianti alimentati con bioenergie installati in Italia alla fine del 2021 sono 2.985, in aumento di 41 unità rispetto all'anno precedente. Tra le diverse bioenergie, i biogas concentrano il numero maggiore di impianti. In termini di potenza, invece, il 41,4% dei 4.106 MW complessivi è alimentato con biomasse solide, il 35,4% con biogas e il restante 23,2% con bioliquidi. Gli impianti a biogas hanno una potenza media inferiore a 1 MW; gli impianti a biomasse solide si attestano intorno a 4 MW.

Nel grafico che segue è riportata l'evoluzione degli impianti a bioenergie, sia in termini di potenza sia in numero. Si noti che negli ultimi 10 anni la potenza è rimasta circa costante.

Evoluzione del numero e della potenza degli impianti alimentati da bioenergie

Invece nella prossima tabella è mostrata l'energia elettrica prodotta per tipologia di fonte utilizzata.

GWh	2020	2021	Variazione % 2021/2020
Biomasse	6.800,0	6.837,8	0,6
– da frazione biodegradabile RSU	2.379,5	2.308,3	-3,0
– altre biomasse	4.420,5	4.529,5	2,5
Biogas	8.166,4	8.124,2	-0,5
– da rifiuti	1.143,5	1.058,6	-7,4
– da fanghi	130,7	124,0	-5,1
– da deiezioni animali	1.293,6	1.296,9	0,3
– da attività agricole e forestali	5.598,6	5.644,6	0,8
Bioliquidi	4.667,3	4.108,8	-12,0
– oli vegetali grezzi	3.931,7	3.469,4	-11,8
– altri bioliquidi	735,7	639,4	-13,1
Totale Bioenergie	19.633,8	19.070,8	-2,9

Fonte: Terna

Produzione elettrica degli impianti alimentati da bioenergie

La produzione lorda di energia elettrica degli impianti alimentati con bioenergie è variata dai 19.634 GWh del 2020 ai 19.071 GWh del 2021 (-2,9%); tale valore rappresenta il 16,4% della generazione elettrica complessiva da fonti rinnovabili. Osservando le diverse tipologie di combustibile, si nota che:

- la produzione da *biomasse solide* è aumentata di circa 38 GWh, passando da 6.800 GWh a 6.838 GWh (+0,6%);

- dallo sfruttamento dei *biogas* nel 2021 sono stati generati 8.124 GWh di energia elettrica, un dato in calo dello 0,5% rispetto all'anno precedente. Nel 2021 il contributo principale è fornito dagli impianti alimentati con biogas da attività agricole e forestali, la cui produzione supera i 5.600 GWh;

- la produzione da *bioliquidi* è calata sensibilmente rispetto all'anno precedente (-12%).

Infine riportiamo l'evoluzione dell'energia elettrica prodotta per fonte utilizzata.

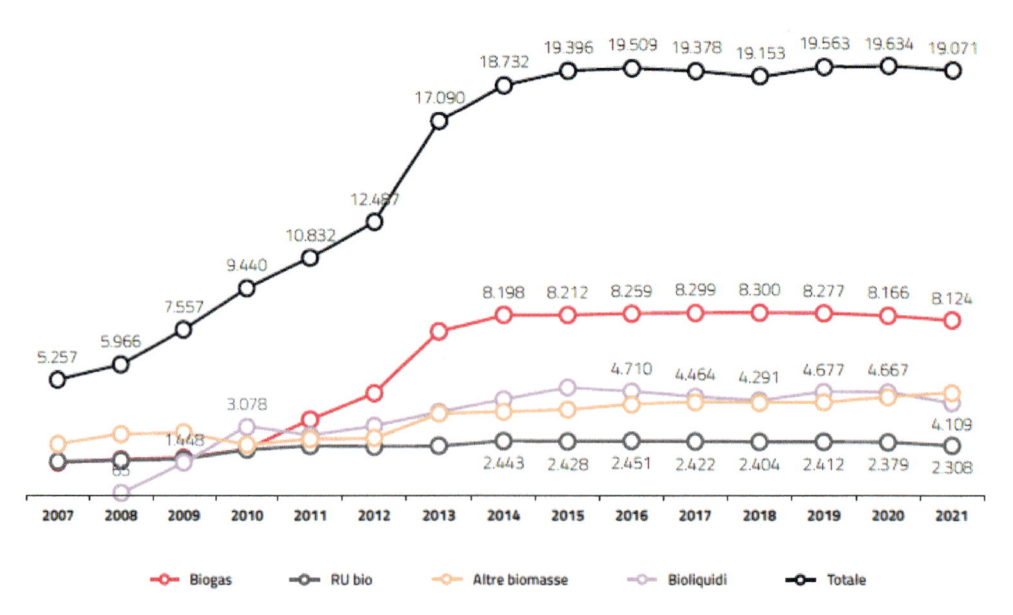

Fonte: elaborazioni GSE su dati Terna

Tra il 2007 e il 2021 l'energia elettrica prodotta da impianti alimentati da bioenergie è aumentata, in media, del 7% l'anno, passando da 5.257 GWh a 19.071 GWh.

La produzione realizzata nel 2021 proviene per il 42,6% da biogas, per il 35,9% da biomasse solide (12,1% dalla frazione biodegradabile dei rifiuti, 23,8% dalle altre biomasse solide) e per il restante 21,5% da bioliquidi.

Particolarmente rilevante, nel periodo recente, risulta la dinamica di crescita della produzione da biogas, passata da 1.447 GWh del 2007 a 8.124 GWh nel 2021.

Vantaggi della bioenergia

Vantaggi sia dal punto di vista economico che ambientale.

Energia rinnovabile che sfrutta in modo efficiente le risorse naturali. Le biomasse derivano dai prodotti della terra, quindi sono risorse rinnovabili. Inoltre, il loro sfruttamento riduce il problema dello smaltimento di quelli che altrimenti sarebbero considerati rifiuti. *Sul problema dell'incenerimento vedi nota precedente.*

Riduce la dipendenza dai combustibili fossili e dai loro produttori. Lo sfruttamento delle biomasse riduce la domanda delle materie prime energetiche tradizionali (carbone, gas e petrolio) che spesso, per l'Italia, devono essere importate. Le biomasse possono essere prodotte dal settore agricolo nazionale.

Continuità nell'erogazione del servizio. Nelle centrali a biomasse è possibile stoccare i materiali per la produzione di energia, regolare e programmare la produzione in base alle necessità.

Risorsa ecosostenibile. In relazione all'immissione di anidride carbonica e del conseguente effetto serra, l'anidride carbonica liberata nell'aria durante la combustione in una centrale a biomasse è già parte dell'ecosistema, sotto forma di vegetale, per cui non va ad incrementare i livelli naturali di gas serra; cioè tanta è l'immissione di CO_2 in aria, tanta è stata la cattura della stessa da parte del materiale organico bruciato. Al contrario, nella combustione delle fonti fossili avviene il rilascio di nuove sostanze inquinanti che prima si trovavano nel sottosuolo.

Riforestazione. La domanda di biomasse può essere soddisfatta ricorrendo anche al recupero di terreni incolti e alla riforestazione delle aree semidesertiche e di scarso valore produttivo.

Svantaggi della bioenergia

Può non essere completamente pulita quando viene bruciata. Non sempre i materiali bruciati per la produzione di energia sono al 100% naturali, come, ad esempio, nel caso del combustibile solido secondario, di origine plastica. È difficile sostenere, quindi, che l'energia da biomassa sia completamente pulita. *Vedi nota sugli inceneritori.*

Carenza di spazi per la coltivazione. Per ottenere grandi quantità di energia è necessaria una grande quantità di materiale. Le attività agricole possono essere incentivate a riconvertire la propria produzione in materiale biologico destinato alle biomasse, perché più remunerativo rispetto ai prodotti agricoli. C'è quindi il pericolo che biomasse (o aree) destinate ai consumi alimentari siano destinate alla produzione di biocarburanti con grave danno per le popolazioni locali.

Deforestazione. Per produrre una notevole quantità di energia, servono grandi quantità di legno e di altri prodotti di scarto. La riforestazione aumenta la quantità degli alberi sul pianeta ma non compensa i danni causati dalla deforestazione, come la perdita della diversità biologica e la possibile distruzione di interi ecosistemi. Spesso si spacciano per validi progetti di produzione energetica da legno che verrebbe ricavata dalla regolare manutenzione dei boschi; in realtà i quantitativi di legno sono talmente alti da richiedere o disboscamenti o acquisto di legname da altre zone.

Costo del processo. A volte le biomasse devono subire trattamenti preliminari per ridurre l'umidità residua, che incidono notevolmente su tempi, costi e carico inquinante. Inoltre, per ridurre l'inquinamento e i costi di trasporto, è necessario che le centrali siano situate vicino ai luoghi di produzione delle biomasse. Questo comporta la realizzazione di centrali di piccole dimensioni con minori economie di scala ed efficienza.

Le biomasse possono rappresentano una preziosa fonte energetica alternativa ma occorre utilizzarla in modo intelligente e ... onesto, per limitare i possibili danni ambientali.

Una nota sull'utilizzo del pellet. Il pellet, oltre ad avere più che raddoppiato il proprio prezzo in un anno, presenta lo svantaggio di emissione di polveri sottili (comune ad altre biomasse), dannose al nostro organismo. Le stufe a pellet hanno bisogno inoltre di una manutenzione quasi giornaliere e generale annuale. Migliorano il rendimento delle stufe a legna.

Energia mareomotrice

È l'energia che deriva dallo sfruttamento delle maree, cioè dal ritmico abbassarsi e sollevarsi dell'acqua dei mari e oceani a causa dell'attrazione gravitazionale del Sole e della Luna sulla Terra.

Le maree non sono eguali dappertutto sulla Terra e variano nel tempo; risultano massime quando Terra, Sole e Luna sono allineati.

▶L'effetto delle forze di attrazione sulla Terra è mostrato nella figura di lato e si nota come la Terra e in particolare le acque tendono ad essere deformate in modo da assumere una forma ovoidale; questo significa che le acque si innalzano e si abbassano simmetricamente ai due poli opposti, rispetto alla direzione della forza che attrae, come in figura.

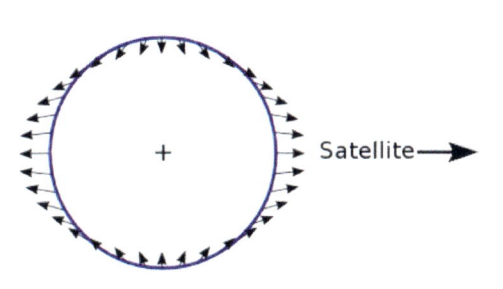

La figura che segue fornisce una spiegazione del motivo della forma ovoidale; essa mostra due diverse situazioni di corpi di dimensioni paragonabili, come dimensioni, a quelle del corpo che attrae e in caduta libera rispetto ad esso.

Nel caso di sinistra il corpo è in orizzontale e le particelle, attratte verso il centro del corpo, tendono ad avvicinarsi durante la caduta.

Nel caso di destra le particelle sono soggette ad una **g** (accelerazione di gravità) diversa per cui le particelle assumono via via velocità diverse e si allontanano tra di loro.

Se componiamo le situazioni per un corpo esteso, si ha una compressione orizzontale ed una dilatazione verticale, per cui il corpo tende ad assumere una forma ellissoidale.

Questa è la situazione in cui si trovano le acque della Terra; naturalmente vi sono altri fattori che incidono sulle maree, come la forza di attrazione della Terra, la forza centrifuga dovuta alla rotazione del nostro pianeta, il tipo di bacino ecc.

L'affetto massimo si ha quando il Sole, la Terra e la Luna sono allineati; le maree sono giornalmente due; l'effetto del Sole si ripete ogni 12 ore, quello della Luna ogni 12,4 ore.

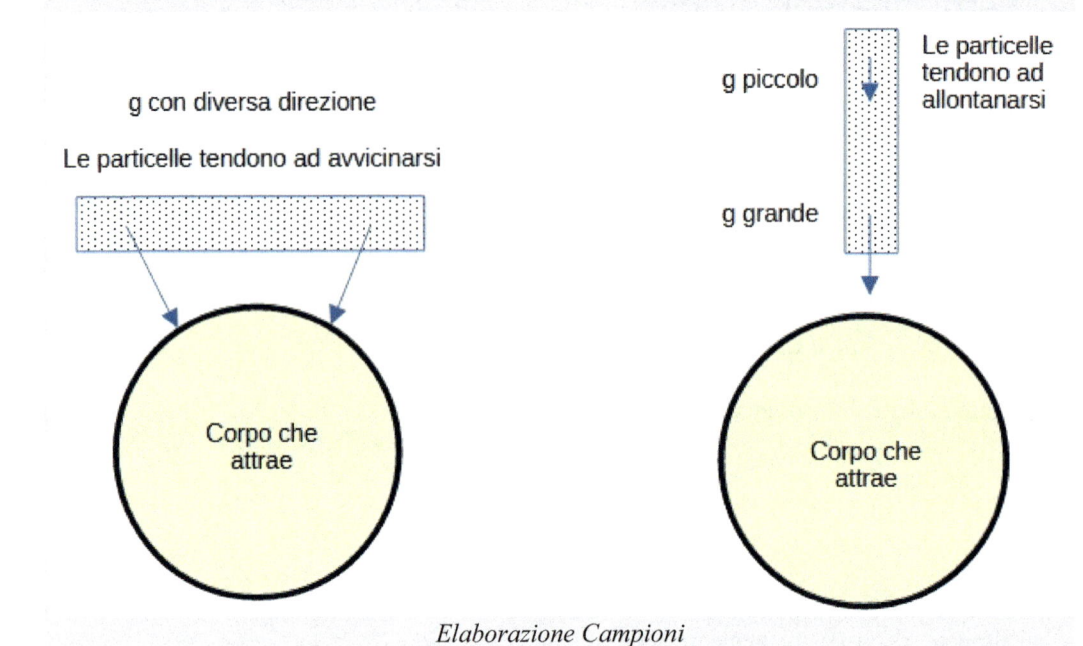

Elaborazione Campioni

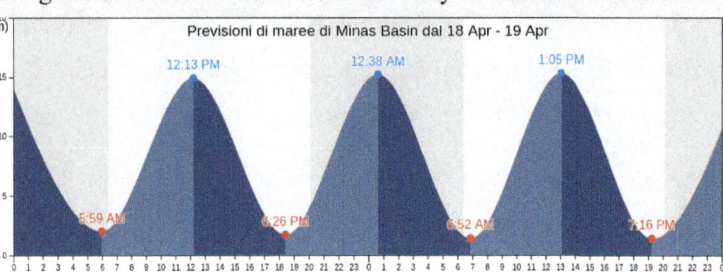

Le maree più alte si hanno nel golfo del Maine e nella Baia di Fundy a causa dell'oscillazione naturale delle acque di questo golfo di 13 ore; per cui le acque di questa baia risuonano, come la cassa di una chitarra, in sintonia con l'attrazione del Sole e della Luna. Si pensi ad una persona che oscilla sopra un'altalena; un'altra che la spinge deve agire con la stessa frequenza con cui oscilla l'altalena per avere il massimo effetto. Tra la bassa marea e l'alta marea possono raggiungere la distanza di circa 15 metri.. ◄

L'intensità delle marre provocate dal Sole è pari a circa il 45% di quelle della Luna e ha il massimo effetto nei periodi di Luna nuova quando questa è invisibile perché interposta (o quasi) tra la Terra e il Sole.

Sino ad ora vi sono due modalità utilizzate per sfruttare l'energia delle maree:

1. Centrali mareomotrici;
2. idrogeneratori.

Il principio è identico a tutte le centrali elettriche: generare movimento per poter poi far ruotare un alternatore; gli impianti sono abbastanza recenti, il che significa che la relativa tecnologia è in evoluzione.

Centrali mareomotrici (sistemi a barriera)

Possono essere costruite lungo i fiumi, oppure in mare aperto, in quanto si basano sullo spostamento orizzontale delle grandi masse d'acqua. Durante la fase di alta marea l'acqua viene raccolta all'interno di un bacino artificiale o naturale, mentre nel corso della bassa marea l'acqua defluisce, passando attraverso una serie di condutture idrauliche al cui interno ci sono le turbine collegate ai generatori elettrici e messe in moto dal passaggio dell'acqua.

Alcuni sistemi a barriera in realtà presentano turbine in entrambe le direzioni, capaci quindi di produrre elettricità sia durante l'alta che la bassa marea.

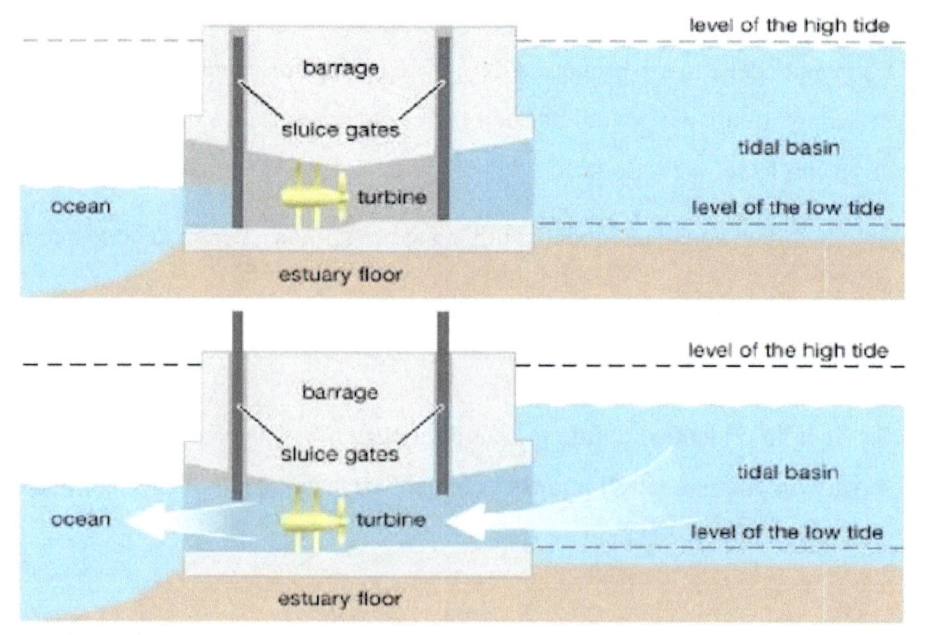

Schema di funzionamento di un generatore mareomotrice (Elhouri et al., 2016)

Idrogeneratori

Si tratta di turbine marine galleggianti sia in acque basse, in prossimità della costa, che in acque profonde, ancorate al fondo del mare, oppure a mezz'acqua. Queste centrali sfruttano l'energia cinetica contenuta nella corrente d'acqua, per produrre energia elettrica. Il flusso all'interno di un condotto di un metro quadrato di superficie ad una velocità di 3 m/s permette di ottenere circa 3 kW di potenza, pari ai consumi tipici all'interno di un'abitazione.

Vengono utilizzati anche per generare corrente nelle barche.

Vista la densità dell'acqua e la velocità che la stessa può raggiungere questi idrogeneratori debbono essere più robusti

Immagine presa da BANKIMPRESA

rispetto ai consimili alimentati a vento: sono quindi più costosi rispetto a quelli eolici.

D'altra parte però, a parità di grandezza, permettono di generare più energia rispetto ad una pala eolica.

Nel mondo e in Europa

Il paese più importante nella progettazione ed utilizzo dell'energia prodotta dalle maree è l'Inghilterra, che fornisce circa la metà dell'energia prodotta in Europa.

Al momento il MeyGen, in Scozia, è l'impianto maremotrice più grande del mondo. Ha una potenza di 252 MW che però, al termine della sua costruzione, potrà raggiungere i 398 MW.

Nel resto dell'Europa sono solo cinque i Paesi che si sono adoperati per sfruttare questa particolare energia e sono – oltre all'Italia – la Spagna, la Francia, il Portogallo e l'Irlanda.

In Italia

La zona che meglio si presta all'energia mareomotrice è lo Stretto di Messina, dove sorge la turbina Kobold, connessa alla rete elettrica nazionale e capace di raggiungere i 25 kW.

Un impianti sperimentale è stato predisposto a Civitavecchia, sfruttando il moto ondoso del mare.

Vantaggi dell'energia delle mareomotrice

L'energia legata ai movimenti del mare è un'energia cinetica; essa ha notevoli potenzialità, è rinnovabile e non inquinante perché non rilascia gas inquinanti né rifiuti e non necessita di combustibile per funzionare.

Svantaggi dell'energia delle maree

Dipendendo dalle maree, dalle correnti e dalle onde può essere intermittente e sfruttabile solo in particolari regioni del nostro pianeta.

Si ha in genere un notevole impatto ambientale, in particolare per la flora e fauna marina con possibile perdita di biodiversità; le più impattanti sono quelle che sfruttano le maree.

Per ridurre tale inconveniente talvolta si costruiscono delle lagune artificiali in prossimità della costa, da sfruttare per le maree.

Questi impianti, allo stato attuale, sono molto costosi, in particolare quelli che sfruttano le maree rispetto agli idrogeneratori che hanno costi minori.

A conclusione delle energie rinnovabili riportiamo alcuni dati presi dal GSE per il loro confronto.

	Potenza efficiente lorda (MW)	Produzione lorda effettiva TWh	ktep	Variazione % 2021/2020	da Direttiva 2018/2001/CE (*) TWh	ktep	Variazione % 2021/2020
Idraulica	19.172	45,4	3.903	-4,6%	48,5	4.166	1,0%
Eolica	11.290	20,9	1.799	11,5%	20,3	1.750	2,6%
Solare	22.594	25,0	2.153	0,4%	25,0	2.153	0,4%
Geotermica	817	5,9	508	-1,9%	5,9	508	-1,9%
Bioenergie	4.106	19,1	1.640	-2,9%	19,0	1.630	-3,1%
– Biomasse solide (**)	1.700	6,8	588	0,6%	6,8	588	0,6%
– Biogas	1.455	8,1	699	-0,5%	8,1	699	-0,5%
– Bioliquidi	951	4,1	353	-12,0%	4,0	343	-13,1%
Totale	57.979	116,3	10.003	-0,5%	118,7	10.207	0,3%

Fonte: per potenza e produzione effettiva: GSE per la fonte solare, Terna per le altre fonti; per la produzione da Direttiva 2018/2001/CE: elaborazioni GSE su dati Terna e GSE.
(*) Produzioni idrica ed eolica normalizzate; contabilizzati i soli bioliquidi sostenibili. Le biomasse solide, i rifiuti biogenici ed il biogas, ai sensi della Direttiva 2018/2001/CE, possono essere conteggiati ai fini del raggiungimento dei target solo nei casi in cui rispettano i requisiti di sostenibilità e di risparmio emissivo fissati dalla Direttiva stessa. Con specifico riferimento al 2021, non essendo ancora completato il quadro normativo, si assume che tutti i consumi di biomasse solide, rifiuti biogenici e biogas possano concorrere al raggiungimento dei target.
(**) La voce comprende la frazione biodegradabile dei rifiuti solidi urbani.

Settore Elettrico – *Potenza e produzione degli impianti alimentati da fonti rinnovabili nel 2021*

Nel 2021 la produzione lorda effettiva di energia elettrica si è attestata intorno a 116,3 TWh (corrispondenti a 10,2 Mtep), in flessione di circa 0,6 TWh rispetto al 2020 (-0,5%); questa dinamica è legata principalmente alla contrazione della produzione degli impianti idroelettrici (-4,6%) e a bioenergie (-2,9%), non compensata dalla crescita registrata dalle altre fonti e in particolare da quella più rilevante, relativa alla fonte eolica (+11,5%).

ktep	Consumi	Produzione lorda di calore derivato - Impianti di sola produzione termica	Produzione lorda di calore derivato - Impianti di cogenerazione	Totale	Variazione % 2021/2020
Geotermica	115	26	-	141	0,0%
Solare	247	0	-	247	4,4%
Frazione biodegradabile dei rifiuti (*)	359	-	123	482	6,0%
Biomassa solida (*)	6.777	89	295	7.161	6,8%
Bioliquidi	-	0	40	41	-28,6%
– di cui sostenibili			37	37	-30,9%
Biogas (*)	35	0	291	326	5,1%
Energia ambiente per riscaldamento e ACS (**)	2.498	-	-	2.498	0,9%
– di cui conteggiabile ai fini del monitoraggio target UE sulle FER	2.498	-	-	2.498	0,9%
Energia ambiente per raffrescamento conteggiabile ai fini del monitoraggio target UE sulle FER (**)	283	-	-	283	-
Totale	10.031	116	749	10.896	5,0%
Totale ai fini del monitoraggio target UE sulle FER (RED II)	10.314	115	746	11.176	-

Fonte: GSE; per gli impianti di cogenerazione: elaborazioni GSE su dati Terna
(*) Le biomasse solide, i rifiuti biogenici ed il biogas, ai sensi della Direttiva 2018/2001/CE, possono essere conteggiati ai fini del raggiungimento dei target solo nei casi in cui rispettano i requisiti di sostenibilità e di risparmio emissivo fissati dalla Direttiva stessa. Con specifico riferimento al 2021, non essendo ancora completato il quadro normativo, si assume che tutti i consumi di biomasse solide, rifiuti biogenici e biogas possano concorrere al raggiungimento dei target.
(**) Ai fini del raggiungimento degli obiettivi fissati dalla Direttiva 2018/2001/CE può essere contabilizzata la sola energia fornita da pompe di calore con un *Seasonal Performance Factor – SPF* superiore a 2,5 (si veda la Decisione 2013/114/UE). Inoltre, può essere conteggiata, a particolari condizioni, una quota dell'energia ambiente trasferita per raffrescamento.

Settore Termico – *Energia da fonti rinnovabili nel 2021*

Il 92,1% del calore totale (10,0 Mtep) è consumato in modo diretto da famiglie e imprese attraverso caldaie individuali, stufe, apparecchi a pompa di calore, pannelli solari termici, ecc., mentre il restante 7,9% (circa 0,86 Mtep) è costituito da consumi di calore derivato (derived heat) rinnovabile, ovvero l'energia termica prodotta da impianti di conversione energetica alimentati da fonti rinnovabili e destinata al consumo di terzi (ad esempio, impianti alimentati da biomasse collegati a reti di teleriscaldamento).

	Biocarburanti totali (*)			di cui biocarburanti sostenibili (*)		
	Quantità (tonnellate)	Energia (ktep)	Variazione % 2021 / 2020	Quantità (tonnellate)	Energia (ktep)	Variazione % 2021/2020
Biodiesel (**)	1.571.059	1.388,4	11,5%	1.570.996	1.388,3	11,6%
Bioetanolo	74,77	0,0	382,2%	75	0,0	382,2%
Bio–ETBE (***)	31.449	27,0	35,2%	31.449	27,0	35,2%
Biometano	116.792	136,5	66,5%	116.792	136,5	66,5%
Totale	1.719.374	1.552,0	15,2%	1.719.311	1.551,9	15,3%

Fonte: GSE
(*) Si considerano i seguenti poteri calorifici: Biodiesel: 37 MJ/kg; Bioetanolo: 27 MJ/kg; bio–ETBE: 36 MJ/kg.
(**) Questa voce comprende anche l'olio vegetale idrotrattato e il Diesel Fischer–Tropsch.
(***) Si considera rinnovabile il 37% del carburante, conformemente a quanto dettato dall'Allegato III della Direttiva 2009/28/CE.

Settore Trasporti – *Biocarburanti immessi in consumo nel 2021*

Mtep	2016	2017	2018	2019	2020	2021 (****)
Settore Elettrico	9,50	9,73	9,68	9,93	10,18	10,21
Idraulica (dato normalizzato) (*)	3,97	3,96	4,02	4,05	4,13	4,17
Eolica (dato normalizzato) (*)	1,42	1,48	1,54	1,65	1,71	1,75
Solare	1,90	2,10	1,95	2,04	2,14	2,15
Geotermica	0,54	0,53	0,52	0,52	0,52	0,51
Bioenergie (**)	1,67	1,66	1,64	1,68	1,68	1,63
Settore Termico	10,54	11,21	10,67	10,63	10,38	11,18
Geotermica	0,14	0,15	0,15	0,15	0,14	0,14
Solare termica	0,20	0,21	0,22	0,23	0,24	0,25
Bioenergie (**)	7,59	8,20	7,71	7,76	7,53	8,01
Energia ambiente (***)	2,61	2,65	2,60	2,50	2,48	2,78
Settore Trasporti (biocarburanti sostenibili)	1,04	1,06	1,25	1,32	1,35	1,55
TOTALE	21,08	22,00	21,61	21,88	21,90	22,93

Fonte: elaborazioni GSE su dati GSE, Terna
(*) Ai fini del monitoraggio dei target europei sulle FER, l'energia da fonte eolica e da fonte idraulica viene calcolata applicando una specifica procedura contabile di normalizzazione dei dati effettivi, prevista dalla Direttiva per attenuare gli effetti delle variazioni climatiche.
(**) le biomasse solide, i rifiuti biogenici ed il biogas, ai sensi della Direttiva 2018/2001, possono essere conteggiati ai fini del raggiungimento dei target solo nei casi in cui rispettano i requisiti di sostenibilità e di risparmio emissivo fissati dalla Direttiva stessa. Con specifico riferimento al 2021, non essendo ancora completato il quadro normativo, si assume che tutti i consumi di biomassa solide, rifiuti biogenici e biogas possano concorrere al raggiungimento dei target.
(***) Questa voce considera la sola energia rinnovabile fornita da pompe di calore con un *SPF (Seasonal Performance Factor)* superiore alle soglie definite dalla *Commission decision* 2013/114/UE. Inoltre, solo a partire dal 2021, viene considerata anche l'energia trasferita per raffrescamento e riconosciuta rinnovabile ai sensi di quanto previsto dal Regolamento Delegato (UE) 2022/759 della Commissione del 14 dicembre 2021.
(****) Il dato 2021 è elaborato applicando i criteri fissati dalla direttiva RED II; le variazioni rispetto agli anni precedenti sono pertanto da interpretare tenendo conto anche di modifiche metodologiche.

Consumi Finali Lordi *di energia da fonti rinnovabili in Italia*

Contributo delle diverse fonti ai Consumi Finali Lordi di energia da FER nel 2021

Fonte	Elettrico	Termico	Trasporti	Totale
Bioenergie	1,6	8,0	1,6	11,2
Idraulica	4,2			4,2
Energia ambiente		2,8		2,8
Solare	2,2	0,2		2,4
Eolica	1,7			1,7
Geotermia	0,1	0,5		0,6

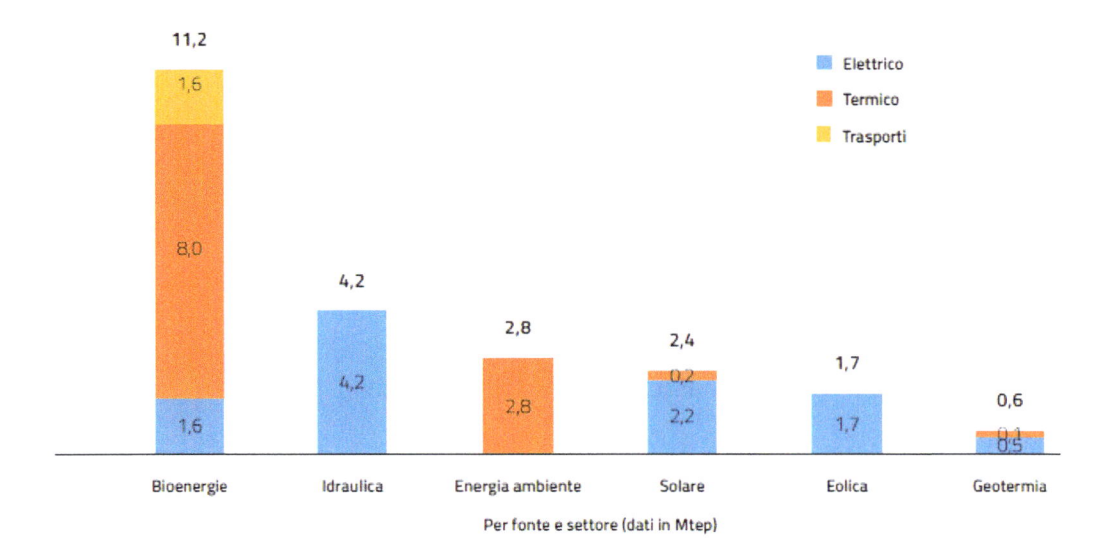

Per fonte e settore (dati in Mtep)

CONCLUSIONI

Coerentemente alla premessa, il libro ha analizzato il percorso storico delle applicazioni delle varie forme di energia, dalla nascita dell'uomo sino ai nostri giorni.

In particolare si sono analizzate le quattro rivoluzioni industriali, a partire dall'invenzione della macchina a vapore, che ha portato lo sviluppo della società capitalistica ad un livello mai visto e non prevedibile al tempo di Watt: ogni angolo del mondo è interessato al modo di produzione capitalistico per effetto della globalizzazione, trasformando anche il modo di pensare delle persone, del loro agire, della loro cultura e del loro ruolo nella società.

Sono state esaminate le energie tradizionali che prevedono lo sfruttamento delle materie prime che hanno dominato e dominano ancora il mercato, quali il petrolio, il carbone e i gas naturale, mettendone in evidenza le applicazioni, le potenzialità, la capacità di inquinare, i vantaggi e gli svantaggi.

Una parte importante è stata dedicata all'energia nucleare perché su di essa in Italia si sono avuti due referendum che ne hanno bocciato l'utilizzo; tuttavia si risente parlare ancora di necessità del nucleare per riempire la mancanza di capacità di produrre elettricità (di recente vi è stata una *mozione della maggioranza parlamentare che impegna il governo a valutare l'opportunità di usare il nucleare*).

Abbiamo chiarito che l'Italia:

- non ha miniere da cui estrarre l'uranio, combustibile necessario per il funzionamento delle centrali nucleari;
- che le centrali producono solo energia elettrica e che l'Italia ha impianti per produrre energia elettrica con potenza circa doppia rispetto alle esigenze più severe;
- che l'Italia importa energia elettrica per motivi economici, essendo in certi momenti della giornata (di solito nelle ore notturne) più conveniente comprare energia dall'estero che produrla;
- che la costruzione di una centrale nucleare richiede dai 10 ai 15 anni, con costi che in genere aumentano di molto a quanto preventivato;
- l'impatto ambientale del nucleare, sin dall'estrazione dell'uranio, è devastante; in particolare poi la messa in dimora delle scorie nucleari.

Si è poi parlato delle energia rinnovabili che, come dice la parola appartengono alle energie che possono riprodursi continuamente nel tempo; ne abbiamo evidenziato le caratteristiche, il loro utilizzo, il loro impatto sull'ambiente, i vantaggi e gli svantaggi.

Vogliamo qui mettere in evidenza una possibilità che è stata ben chiarita nella trasmissione *report* di RAI 3 dedicata all'energia in Europa: la possibilità di creare un'unica rete elettrica che metta in comunicazione energetica tutti i paesi dell'Europa in modo che ogni singola nazione possa immettere o ricevere energia secondo le proprie capacità di produrla e necessità di consumo.

Ad esempio nel nord Europa in inverno si ha una forte produzione di energia da impianti eolici che sono meno efficienti in estate; si potrebbe allora sfruttare l'energia prodotta da impianti fotovoltaici o solari termici, ad esempio in Sicilia, che produce con surplus di energia e inviarla al nord. Questo fatto naturalmente implica una costruzione di una idonea rete elettrica che interconnetta tutta l'Europa e la volontà di collaborazione dei paesi dell'UE.

Parimenti si potrebbero costruire delle reti intelligenti che coinvolgano, anche regionalmente, i piccoli produttori, comprese la famiglie.

A parere d tutti gli intervistati l'Europa potrebbe divenire indipendente energeticamente e con sole energie rinnovabili – rinunciando all'uso del carbone, petrolio e gas - e ammortizzare i costi previsti per la realizzazione degli impianti e infrastrutture nel giro di cinque anni.

La Germania si sta già muovendo in tal senso, collaborando con la Norvegia, scambiando energia attraverso un cavo, il NordLink, che trasporta energia nei due sensi per circa 500 km.

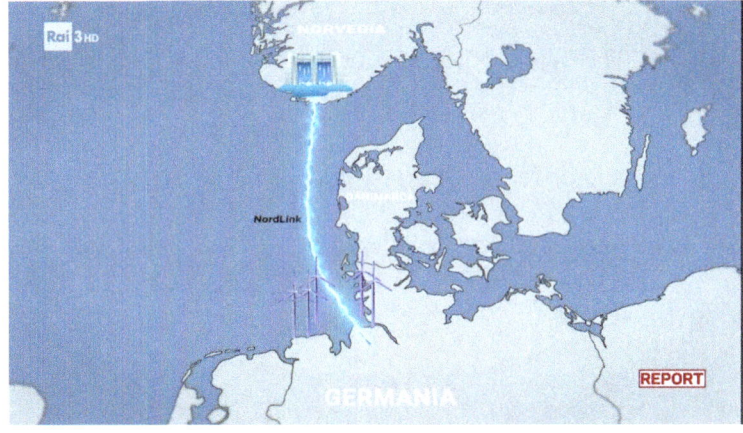

L'autore ritiene di aver assolto a quanto dichiarato in premessa: mettere il lettore in grado di capire cosa rappresentino le singole energie, di effettuare scelte, anche politiche, riguardo al loro utilizzo e, in definitiva, di renderlo più consapevole in modo di poter affrontare confronti con i cosiddetti esperti e non accettare supinamente scelte fatte da altri.

Maggio 2023

Bibliografia

- *La città nella storia* di Lewis Mumford, ed. Tascabili Bompiani 1961., vol.1.
- *La situazione della classe operaia in Inghilterra* di F. Engels.
- *Il sistema globale* di Manlio Dinucci, ed. Zanichelli 2004.
- *Prometeo a Fukushima* di Grazia Pagnotta, ed. Piccola biblioteca Einaudi.
- *Sito Sustainability Success*, le 4 rivoluzioni industriali.
- *Storia dei cambiamenti climatici*, Massimo Campioni, Amazon
- Peter J.Nolan, *Fondamenti di fisica*, ed. Zanichelli.
- SCRAM, ovvero LA FINE DEL NUCLEARE, Baracca-Ferrari Ruffino, ed. Jaca Book
- The World Nuclear Industry - Status Report . A Mycle Schneider Consulting Project, Paris, October 2022
- Sito di Terna : https://www.terna.it/it
- Sito IEA : https://www.iea.org/
- *Sito GSE:* https://www.gse.it/
- https://ec.europa.eu/eurostat/statistics
- Energy Vault, https://www.energyvault.com/
- Report RAI 3 , trasmissione del 24 aprile 2023
- https://www.edison.it/it/termoelettrico

Esistono poi molti siti internet da cui sono state prese notizie, impossibili da citare tutti; vogliamo solo ricordare wikipedia.

Printed in Great Britain
by Amazon